二十世纪中国心理学名著丛编

变态心理学

萧孝嵘◎著

主编◎郭本禹　阎书昌　特约编辑◎郗浩丽

海峡出版发行集团 | 福建教育出版社

图书在版编目（CIP）数据

变态心理学/萧孝嵘著.—福州：福建教育出版社，2024.4
（二十世纪中国心理学名著丛编）
ISBN 978-7-5334-9759-0

Ⅰ.①变… Ⅱ.①萧… Ⅲ.①变态心理学 Ⅳ.①B846

中国国家版本馆 CIP 数据核字（2023）第 196233 号

二十世纪中国心理学名著丛编

Biantai Xinli xue
变态心理学
萧孝嵘　著

出版发行	福建教育出版社
	（福州市梦山路 27 号　邮编：350025　网址：www.fep.com.cn
	编辑部电话：0591-83726908
	发行部电话：0591-83721876　87115073　010-62024258）
出 版 人	江金辉
印　　刷	福州万达印刷有限公司
	（福州市闽侯县荆溪镇徐家村 166-1 号厂房第三层　邮编：350101）
开　　本	890 毫米×1240 毫米　1/32
印　　张	11.125
字　　数	238 千字
插　　页	2
版　　次	2024 年 4 月第 1 版　2024 年 4 月第 1 次印刷
书　　号	ISBN 978-7-5334-9759-0
定　　价	35.00 元

如发现本书印装质量问题，请向本社出版科（电话：0591-83726019）调换

编校凡例

1. 选编范围。"二十世纪中国心理学名著丛编"（以下简称"丛编"）选编 20 世纪经过 50 年时间检验、学界有定评的水平较高、影响较大、领学科一定风骚的心理学著作。这些著作在学术上有承流接响的作用。

2. 版本选择。"丛编"本书是以第一版或修订版为底本。

3. 编校人员。"丛编"邀请有关老、中、青学者，担任各册"特约编辑"，负责校勘原著、撰写前言（主要介绍作者生平、学术地位与原著的主要观点和学术影响）。

4. 编校原则。尊重原著的内容和结构，以存原貌；进行必要的版式和一些必要的技术处理，方便阅读。

5. 版式安排。原著是竖排的，一律转为横排。横排后，原著的部分表述作相应调整，如"右表""左表""右文""左文"均改为"上表""下表""上文""下文"等等。

6. 字体规范。改繁体字为简化字，改异体字为正体字；"的""得""地""底"等副词用法，一仍旧贯。

1

7. 标点规范。原著无标点的,加补标点;原著标点与新式标点不符的,予以修订;原文断句不符现代汉语语法习惯的,予以调整。原著有专名号(如人名、地名等)的,从略。书名号用《》、〈〉规范形式;外文书名排斜体。

8. 译名规范。原著专门术语,外国人名、地名等,与今通译有异的,一般改为今译。首次改动加脚注注明。

9. 数字规范。表示公元纪年、年代、年、月、日、时、分、秒,计数与计量及统计表中的数值,版次、卷次、页码等,一般用阿拉伯数字;表示中国干支等纪年与夏历月日、概数、年级、星期或其他固定用法等,一般用数字汉字。此外,中国干支等纪年后,加注公元纪年,如光绪十四年(1888)、民国二十年(1931)等。

10. 标题序号。不同层级的内容,采用不同的序号,以示区别。若原著各级内容的序号有差异,则维持原著序号;若原著下一级内容的序号与上一级内容的序号相同,原则上修改下一级的序号。

11. 错漏校勘。原著排印有错、漏、讹、倒之处,直接改动,不出校记。

12. 注释规范。原著为夹注的,仍用夹注;原著为尾注的,改为脚注。特约编辑补充的注释(简称"特编注"),也入脚注。

总序：

中国现代心理学的历史进程

晚清以降的西学东渐，为中国输入了西方科学知识和体系，作为分科之学的科学开始在中国文化中生根发芽。现代科学体系真正的形成和发展则是在民国时期，当时中国传统文明与西方近现代文明的大碰撞，社会的动荡与变革，新旧思想的激烈冲突，科学知识的传播与影响，成就了民国时期的学术繁荣时代。有人将之看作是"中国历史上出现了春秋战国以后的又一次百家争鸣的盛况"①。无论后人是"高估"还是"低估"民国时期的学术成就，它都是中国学术发展进程中重要的一环。近年来民国时期学术著作的不断重刊深刻反映出它们的学术价值和历史地位。影响较大者有上海书店的"民国丛书"、商务印书馆的"中华现代学术名著丛书"、岳麓书社的"民国学术文化名著"、东方出版社的"民国学术经典文库"和"民国大学丛书"，以及福建教育出版社的"20 世纪中国教育学名著丛编"等。这

---

① 周谷城：《"民国丛书"序》，载《出版史料》2008 年第 2 期。

些丛书中也收录了民国时期为数不多的重要心理学著作,例如,"民国丛书"中收有朱光潜的《变态心理学派别》、高觉敷的《现代心理学》、龚德义的《宗教心理学》、陈鹤琴的《儿童心理之研究》和潘菽的《社会的心理基础》等,"民国大学丛书"收录章颐年的《心理卫生概论》,"20世纪中国教育学名著丛编"包括艾伟的《教育心理学》、萧孝嵘的《教育心理学》、高觉敷的《教育心理》和王书林的《心理与教育测量》等。中国现代心理学作为一门独立的学科,仅有上述丛书中收入的少数心理学著作还难以呈现全貌,更为细致全面的整理工作仍有待继续开展。

一、西学东渐：中国现代心理学的源头

我国古代有丰富的心理学思想,却没有真正科学意义上的心理学。如同许多其他学科一样,心理学在我国属于"舶来品"。中国现代心理学的产生经历了西方心理学知识向中国输入和传播的历史阶段。最早接触到西方心理学知识的中国人是容闳、黄胜和黄宽,他们于1847年在美国大学中学习了心灵哲学课程,这属于哲学心理学的范畴,继而颜永京于1860年或1861年在美国大学学习了心灵哲学课程。颜永京回国后于1879年开始在圣约翰大学讲授心理学课程,他首开国人之先河,于1889年翻译出版了美国人海文著的《心灵学》(上本)[1],这是史界公

---

[1] 译自 Haven, J., *Mental philosophy: Including the intellect, sensibilities, and will*. Boston: Gould & Lincoln, 1858.

认的第一部汉译心理学著作。此前传教士狄考文于1876年在山东登州文会馆开设心灵学即心灵哲学或心理学课程。1898年，美国传教士丁韪良出版了《性学举隅》①，这是第一本以汉语写作的心理学著作。1900年前后，日本在中国学习西方科学知识的过程中起到了桥梁作用，一批日本学者以教习的身份来到中国任教。1902年，服部宇之吉开始在京师大学堂讲授心理学课程，并撰写《心理学讲义》②。1904年，三江师范学堂聘请日本学者菅沼虎雄任心理学、教育学课程教习。1901—1903年译自日文的心理学著作主要有：樊炳清译、林吾一著的《应用心理学》(1901)，③久保田贞则编纂的《心理教育学》(1902)，王国维译、元良勇次郎著的《心理学》(1902)，吴田炤译、广岛秀

---

① 其英文名为 Christian Psychology。《性学举隅》中的心理学知识，有更强的科学性和实证性，而《心灵学》中的心理学知识，则更具哲学性和思辨性。其主要原因是，《性学举隅》成书于19世纪末，西方心理学已经确立学科地位，科学取向的心理学知识日益增多，许多心理学著作也相继出版，该书对这些心理学知识吸收较多；而《心灵学》的原著成书于19世纪50年代，西方心理学还处于哲学心理学阶段，近代科学知识还没有和哲学心理学相互融合起来。此外，丁韪良在阐述心理学知识时，也具有较强的实证精神。他在提及一个心理学观点或理论时，经常会以"何以验之"来设问，然后再提供相应的证据或实验依据进行回答。同时他指出，"试验"（即实验）是西方实学盛行的原因，中国如果想大力发展实学，也应该以实验方法为重。丁韪良的这种实证精神，无论是对当时人们正确理解和运用心理学，还是对于其他学科都是有积极意义的。

② 由他的助教范源廉译述，此书的线装本没有具体的出版时间，大致出版于1902—1903年。服部宇之吉的讲义经过润色修改后于1905年在日本以中文出版。

③ 王绍曾主编：《清史稿艺术志拾遗》，北京：中华书局2000年版，第1534页。

太朗著的《初等心理学》(1902)、田吴炤译、高岛平三郎著的《教育心理学》(1903)、张云阁译、大濑甚太郎和立柄教俊合著的《心理学教科书》①(1903)、上海时中书局编译的心理学讲义《心界文明灯》(1903)、沈诵清译、井上圆了著的《心理摘要》(1903)。此外，张东荪、蓝公武合译了詹姆斯《心理学简编教程》(1892)的第一章绪论、第二章感觉总论和第三章视觉，题名为《心理学悬论》。②1907年王国维还自英文版翻译出版丹麦学者海甫定（H. Höffding）的《心理学概论》，1910年自日文版翻译出版美国禄尔克的《教育心理学》，这两本书在当时产生了较大影响。1905年在日本留学的陈榥编写出版的《心理易解》，被学界认为是中国学者最早自编的心理学书籍。此后至新文化运动开始起，一批以日本教习的心理学讲义为底本编写或自编的心理学书籍也相继出版，例如，湖北师范生陈邦镇等编辑的《心理学》(1905，内页署名《教育的心理学》)、江苏师范编的《心理学》(1906)、蒋维乔的《心理学》(1906)和《心理学讲义》(1912)、彭世芳的《心理学教科书》(1912，版权页署名《（中华）师范心理学教科书》)、樊炳清的《心理学要领》(师范学校用书，1915)、顾公毅的《新制心理学》(书脊署名《新制心理学教科书》，1915)、张子和的《广心理学》（上册，1915)、张毓骢和沈澄清编的《心理学》(1915)等。

---

① 该书还有另外一中译本，译者为顾绳祖，1905年由江苏通州师范学堂出版。

② 詹姆斯著，张东荪、蓝公武译：《心理学悬论》，载《教育》1906年第1、2期。

从西方心理学输入路径来看,上述著作分别代表着来自美国、日本、欧洲的心理学知识的传入。从传播所承载的活动来看,有宗教传播和师范教育两种活动,并且后者相继替代了前者。从心理学知识传播者身份来看,有传教士、教育家、哲学家等。

"心理学"作为一门学科的名称,其术语本身在中国开始使用和流行也有一个历史过程。"Psychology"一词进入汉语文化圈要早于它所指的学问或学科本身,就目前所知,该词最早见于1868年罗存德(William Lobscheid)在香港出版的《英华字典》(*An English and Chinese Dictionary*),其汉译名为"灵魂之学""魂学"和"灵魂之智"。[①] 在日本,1875年哲学家西周翻译的《心理学》被认为是日本最早的心理学译著。汉字"心理学"是西周从"性理学"改译的,故西周也是"心理学"的最早创译者。[②] 但"心理学"一词并没有很快引入中国。当时中国用于指称心理学知识或学科的名称并不统一。1876年,狄考文在山东登州文会馆使用"心灵学"作为心理学课程名称;1880年,《申报》使用"心学"一词指代颜永京讲授的心理学课程;1882年,颜永京创制"心才学"称谓心理学;1886年,分

---

① 阎书昌:《中国近现代心理学史(1872—1949)》,上海:上海教育出版社2015年版,第12页。

② 新近有研究者考证发现了中国知识分子执权居士于1872年在中国文化背景下创制了"心理(学)"一词,比日本学者西周创制"心理学"一词早三年,但执权居士的"心理(学)"术语并没有流行起来。参见:阎书昌:《中国近现代心理学史(1872—1949)》,上海:上海教育出版社2015年版,第13—14页。

别译自赫胥黎《科学导论》的《格致小引》和《格致总学启蒙》两本中各自使用"性情学"和"心性学"指称心理学；1889年，颜永京使用"心灵学"命名第一本心理学汉本译著；1898年，丁韪良在《性学举隅》中使用"性学"来指心理学。最后，康有为、梁启超于1897－1898年正式从日本引入"心理学"一词，并开始广泛使用。康有为、梁启超十分重视译书，认为"中国欲为自强第一策，当以译书为第一义"，康有为"大收日本之书，作为书目志以待天下之译者"。① 他于1896年开始编的《日本书目志》共收录心理学书籍25种，其中包括西周翻译的《心理学》。当时，日文中是以汉字"心理学"翻译"psychology"。可见，康有为当时接受了"心理学"这一学科名称。不过《日本书目志》的出版日期不详。梁启超于1897年11月15日在《时务报》上发表的《读〈日本书目志〉后》一文中写道："……愿我人士，读生理、心理、伦理、物理、哲学、社会、神教诸书，博观而约取，深思而研精。"② 梁启超作为康有为的学生，也是其思想的积极拥护者，很可能在《日本书目志》正式出版前就读到了书稿，并在报刊上借康有为使用的名称正式认可了"心理学"这一术语及其学科。③ 另外，大同译书局于

---

① 转引自杨鑫辉、赵莉如主编：《心理学通史》（第2卷），济南：山东教育出版社2000年版，第142页。
② 转引自阎书昌：《中国近现代心理学史（1872—1949）》，上海：上海教育出版社2015年版，第43页。
③ 阎书昌：《"心理学"在我国的第一次公开使用》，载杨鑫辉主编：《心理学探新论丛（2000年辑）》，南京：南京师范大学出版社2000年版，第240－241页。

1898年春还出版了日本森本藤吉述、翁之廉校订的《大东合邦新义》一书，该书中也使用过"心理学"一词："今据心理学以推究之"，后有附注称："心理学研究性情之差别，人心之作用者也。"① 此书是日本学者用汉语写作，并非由日文译出，经删改编校而成，梁启超为之作序。这些工作都说明了康有为和梁启超为"心理学"一词在中国的广泛传播所作出的重要贡献。以上所述仅仅是"心理学"作为一门学科名称在中国的变迁和发展，中国文化对心理学知识与学科的接受必定有着更为复杂的过程。

这一时期最值得书写的历史事件就是蔡元培跟随现代心理学创始人冯特的学习经历。蔡元培先后两次赴德国留学。在留学德国以前，蔡元培就对西方的文化科学有所涉及，包括文史、政经及自然科学。他译自日文的《生理学》《妖怪学》等著作就涉猎到心理学知识。蔡元培学习心理学课程是在第一次留学期间的1908年10月至1911年11月，他在三年学习期间听了八门心理学课程，其中有冯特讲授的三门心理学课程：心理学、实验心理学、民族心理学，还有利普斯（Theodor Lipps）讲授的心理学原理，勃朗（Brahon）讲授的儿童心理学与实验教育学，威斯（Wilhelm Wirth）讲授的心理学实验方法，迪特里希（Ottmar Dittrich）讲授的语言心理学、现代德语语法与心理学基础。蔡元培接受过心理学的专业训练，这是不同于中国现代心理学早期多是自学成才的其他人物之处，也是他具有中国现

---

① 转引自阎书昌：《中国近现代心理学史（1872—1949）》，上海：上海教育出版社2015年版，第43页。

代心理学先驱地位的原因之一。蔡元培深受冯特在实验心理学上开创性工作的影响，在其担任北京大学校长期间，于1917年支持陈大齐在哲学系内建立我国第一个心理学实验室，这是中国心理学发展史上的第一个心理学实验室，具有标志性意义。陈大齐是另一位中国现代心理学的先驱，1909年他进入东京帝国大学文科哲学门之后，受到日本心理学家元良勇次郎的影响，对心理学产生极为浓厚的兴趣，于是选心理学为主科，以理则学（亦称论理学，即逻辑学）、社会学等为辅科。陈大齐在日本接受的是心理学专业训练，1912年回国后开展的许多理论和实践工作对我国早期心理学都具有开创性的意义。

中国现代心理学学科的真正确立，是始于第一批学习心理学的留学生回国后从事心理学的职业活动，此后才出现了真正意义上的中国心理学家。

二、出国留学：中国现代心理学的奠基

中国现代心理学是新文化运动的产物，我国第一代心理学家正是成长于这一历史背景之下。20世纪初，我国内忧外患，社会动荡，国家贫弱，不断遭到西方列强在科学技术支撑下的坚船利炮的侵略，中华民族面临着深重的民族危机。新文化运动的兴起，在中国满布阴霾的天空中，响起一声春雷，爆发了一场崇尚科学、反对封建迷信、猛烈抨击几千年封建思想的文化启蒙运动。1915年，陈独秀创办《青年杂志》（后改名为《新青年》），提出民主和科学的口号，标志着新文化运动的开始，

到1919年"五四"运动爆发时，新文化运动达到高潮。中国先进的知识分子试图从西方启蒙思想那里寻找救国救民之路，对科学技术产生了崇拜，提出了"科学救国"和"教育救国"的口号，把科学看成是抵御外侵和解决中国一切问题的工具，认为只有科学才能富国强兵，使中国这头"睡狮"猛醒，解除中国人民的疾苦，摘掉头上那顶"东亚病夫"的耻辱帽子。西方现代科学强烈冲击了中国的旧式教育，"开启民智""昌明教育""教育救国"的声音振聋发聩。孙中山在《建国方略》中写道："夫国者，人之所积也。人者，心之所器也。国家政治者，一人群心理之现象也。是以建国之基，当发端于心理。"[1] 他认为"一国之趋势，为万众之心理所造成；"[2] 要实现教育救国，就要提高国民的素质，改造旧的国民性，塑造新的国民。改造国民性首先要改造国民的精神，改造国民的精神在于改造国民的行为，而改造人的行为在于改造人的心理。著名教育家李石曾也主张："道德本于行为，行为本于心理，心理本于知识。是故开展人之知识，即通达人之心理也；通达人之心理，即真诚人之行为也；真诚人之行为，即公正人之道德也。教育者，开展人之知识也。欲培养人之有公正之道德，不可不先有真诚之行为；欲有真诚之行为，不可不先有通达之心理；欲有通达之心理，不可不先有开展之知识。"[3] 了解人的心理是改造人的心理的前

---

[1] 《孙中山全集》（第6卷），北京：中华书局1981年版，第214—215页。
[2] 孙文：《心理建设》，上海：一心书店1937年版，第83页。
[3] 李石曾：《无政府说》，载《辛亥革命前十年时间政选集》（第三卷），北京：三联书店1960年版，第162—163页。

提，了解人的心理是进行教育的前提，而心理学具有了解心理、改造心理的作用。所以，当时一批有志青年纷纷远赴重洋攻读心理学。①汪敬熙后来对他出国为何学习心理学的回忆最能说明这一点，他说："在十五六年前，更有一种原因使心理学渐渐风行。那时候，许多人有一种信仰，以为想改革中国必须从改造社会入手；如想改造社会必须经过一番彻底的研究；心理学就是这种研究必需的工具之一，我记得那时候好些同学因为受到这种信仰的影响，而去读些心理学书，听些心理学的功课。"②张耀翔赴美前夕，曾与同学廖世承商讨到美国所学专业，认为人为万物之灵，强国必须强民，强民必须强心，于是决心像范源廉先生（当时清华学堂校长）那样，身许祖国的教育事业，并用一首打油诗表达了他选学心理学的意愿："湖海飘零廿二

---

① 中国学生大批留美始于1908年的"庚款留学"。1911年经清政府批准，成立了留美预备学校即清华学堂。辛亥革命爆发之后，清华学堂因战事及经费来源断绝原因停顿半年之久，至1912年5月学堂复校，改称"清华学校"。由于"教育救国"运动的需要，辛亥革命之后留美教育得以延续。在这批留美大潮中，有相当一部分留学生以心理学作为主修专业，为此后中国现代心理学的发展积聚下了专业人才。据1937年的《清华同学录》统计，学教育、心理者（包括选修两门以上学科者，其中之一是教育心理）共81人。早期的心理学留学生主要有：王长平（1912年赴美，1915年回国）、唐钺（1914年赴美，1921年回国）、陈鹤琴（1914年赴美，1919年回国）、凌冰（1915年赴美，1919年回国）、廖世承（1915年赴美，1919年回国）、陆志韦（1915年赴美，1920年回国）、张耀翔（1915年赴美，1920年回国）等。

② 汪敬熙：《中国心理学的将来》，载《独立评论》1933年第40号。

年,今朝赴美快无边。此身原许疗民瘼,誓把心书仔细研!"①潘菽也指出:"美国的教育不一定适合中国,不如学一种和教育有关的比较基本的学问,即心理学。"②

在国外学习心理学的留学生接受了著名心理学家的科学训练,为他们回到中国发展心理学打下了扎实的专业功底。仅以获得博士学位的心理学留学生群体为例,目前得以确认的指导过中国心理学博士生的心理学家有美国霍尔(凌冰)、卡尔(陆志韦、潘菽、王祖廉、蔡乐生、倪中方、刘绍禹)、迈尔斯(沈有乾、周先庚)、拉施里(胡寄南)、桑代克(刘湛恩)、瑟斯顿(王徵葵)、吴伟士(刘廷芳、夏云)、皮尔斯伯里(林平卿)、华伦(庄泽宣)、托尔曼(郭任远)、梅耶(汪敬熙)、黄翼(格塞尔)、F. H. 奥尔波特(吴江霖),英国斯皮尔曼(潘渊、陈立)、皮尔逊(吴定良),法国瓦龙(杨震华)、福柯(左任侠),等等。另外,指导过中国学生或授过课的国外著名心理学家还有冯特(蔡元培)、铁钦纳(董任坚)、吕格尔(潘渊)、皮亚杰(卢濬)、考夫卡(朱希亮、黄翼)、推孟(黄翼、周先庚)、苛勒(萧孝嵘)等。由此可见,这些中国留学生海外求学期间接触到了西方心理学的最前沿知识,为他们回国之后传播各个心理学学派理论,发展中国现代心理学奠定了坚实的基础。

在海外学成归来的心理学留学生很快成长为我国第一代现

---

① 程俊英:《耀翔与我》,载张耀翔著:《感觉、情绪及其他——心理学文集续编》,上海:上海人民出版社1986年版,第308—332页。
② 潘菽:《潘菽心理学文选》,南京:江苏教育出版社1987年版,第2页。

代心理学家，他们拉开了中国现代心理学的序幕。他们传播心理学知识，建立心理学实验室，编写心理学教科书，创建大学心理学系所，培养心理学专门人才，成立心理学研究机构和组织，创办心理学专业刊物，从事心理学专门研究与实践，对中国现代心理学的诸多领域作出奠基性和开拓性贡献，分别成为中国心理学各个领域的领军人物。这些归国留学生大都是25～30岁之间的青年学者，他们对心理学具有强烈的热情，正如张耀翔所说的："心理学好比我的宗教。"[1] 同时，他们精力旺盛，受传统思想束缚较少，具有雄心壮志，具有创新精神和开拓意识，致力于发展中国的心理学，致力于在中国建立科学的心理学，力图把"心理学在国人心目中演成一个极饶兴趣、惹人注目的学科"。[2] 不仅如此，他们还具有更远大的抱负，把中国心理学推向世界水平。就像郭任远在给蔡元培的一封信中所表达的："倘若我们现在提倡心理学一门，数年后这个科学一定不落美国之后。因为科学心理学现在还在萌芽时代。旧派的心理学虽已破坏，新的心理学尚未建设。我们现在若在中国从建设方面着手，将来纵不能在别人之前，也决不致落人后。""倘若我们尽力筹办这个科学，数年后一定能受世界科学界的公认。"[3]

中国第一代心理学家还积极参与当时我国思想界和学术界

---

[1] 张耀翔：《心理学文集》，上海：上海人民出版社1983年版，第231页。

[2] 张耀翔：《心理学文集》，上海：上海人民出版社1983年版，第246页。

[3] 郭任远：《郭任远君致校长函》，载《北京大学日刊》1922年总第929号。

的讨论。如陈大齐在"五四"运动时期，积极参与当时科学与灵学的斗争，运用心理学知识反对宣扬神灵的迷信思想。唐钺积极参与了 20 世纪 20 年代初（1923）的"科学与玄学"论战。汪敬熙在北大就读时期就是"五四"运动的健将，也是著名的新潮社的主要成员和《新潮》杂志的主力作者，提倡文学革命，致力于短篇小说的创作，他也是继鲁迅之后较早从事白话小说创作的作家。陆志韦则提倡"五四"新诗运动，他于 1923 年出版的《渡河》诗集，积极探索了新诗歌形式和新格律的实践。

三、制度建设：中国现代心理学的确立

"五四"运动之后，在海外学习心理学的留学生①陆续回国。他们从事心理学的职业活动，逐渐形成我国心理学的专业队伍。他们大部分都任教于国内的各大高等院校中，承担心理学的教学与科研任务，积极开展中国现代心理学的早期学科制度建设。他们创建心理学系所、建立心理学实验室、成立心理学专业学会和创办心理学刊物，开创了中国现代心理学的一个辉煌时期。

（一）成立专业学会

1921 年 8 月，在南京高等师范学校组织暑期教育讲习会，有许多学员认为心理学与教育关系密切，于是签名发起组织中

---

① 这些心理学留学生大部分人都获得了博士学位，也有一部分人在欧美未获得博士学位，如张耀翔、谢循初、章益、王雪屏、王书林、阮镜清、普施泽、黄钰生、胡秉正、高文源、费培杰、董任坚、陈雪屏、陈礼江、陈飞鹏等人。他们回国后在心理学领域同样作出了重要贡献。

华心理学会，征求多位心理学教授参加。几天之后，在南京高等师范学校临时大礼堂举行了中华心理学会成立大会，通过了中华心理学会简章，投票选举张耀翔为会长兼编辑股主任，陈鹤琴为总务股主任，陆志韦为研究股主任，廖世承、刘廷芳、凌冰、唐钺为指导员。这是中国第一个心理学专业学会。中华心理学会自成立后，会员每年都有增加，最盛时多达235人。但是由于学术活动未能经常举行，组织逐渐涣散。1931年，郭一岑、艾伟、郭任远、萧孝嵘、沈有乾、吴南轩、陈鹤琴、陈选善、董任坚等人尝试重新筹备中华心理学会，但是后来因为"九一八"国难发生，此事被搁置，中华心理学会就再也没有恢复。

1935年11月，陆志韦发起组织"中国心理学会"，北京大学樊际昌、清华大学孙国华、燕京大学陆志韦被推为学会章程的起草人。三人拟定的"中国心理学会章程草案"经过讨论修改后，向各地心理学工作者征求意见，获得大家的一致赞同，认为"建立中国心理学会"是当务之急。1936年11月，心理学界人士34人发出由陈雪屏起草的学会组织启事，正式发起组织中国心理学会。1937年1月24日，在南京国立编译馆大礼堂举行了中国心理学会成立大会。会上公推陆志韦为主席，选出陆志韦、萧孝嵘、周先庚、艾伟、汪敬熙、刘廷芳、唐钺为理事。正当中国心理学会各种活动相继开展之际，"七七事变"爆发，学会活动被迫停止。

1930年秋，时任考试院院长的戴季陶鉴于测验作为考试制度的一种，有意发起组织测验学会。由吴南轩会同史维焕、赖琏二人开始做初步的筹备工作。截至当年 12 月 15 日共征得 57 人的同意做发起人，通过通讯方式选举吴南轩、艾伟、易克櫺、陈鹤琴、史维焕、顾克彬、庄泽宣、廖茂如、邰爽秋为筹备委员，陈选善、陆志韦、郭一岑、王书林、彭百川为候补委员，指定吴南轩为筹备召集人，推选吴南轩、彭百川、易克櫺为常务委员。1931 年 6 月 21 日，在南京中央大学致知堂召开成立大会和会员大会。

1935 年 10 月，南京中央大学教育学院同仁发起组织中国心理卫生协会，向全国心理学界征求意见，经过心理学、教育、医学等各界共 231 人的酝酿和发起，并得到 146 位知名人士的赞助，中国心理卫生协会于 1936 年 4 月 19 日在南京正式召开成立大会，并通过了《中国心理卫生协会简章》。该协会的宗旨是保持并促进精神健康，防止心理、神经的缺陷与疾病，研究有关心理卫生的学术问题，倡导并促进有关心理卫生的公共事业。1936 年 5 月，经过投票选举艾伟、吴南轩、萧孝嵘、陈剑脩、陈鹤琴等 35 人为理事，周先庚、方治、高阳等 15 人为候补理事，陈大齐、陈礼江、杨亮功、刘廷芳、廖世承等 21 人为监事，梅贻琦、章益、郑洪年等 9 人为候补监事。在 6 月 19 日举行的第一次理事会议上，推举吴南轩（总干事）、萧孝嵘、艾伟、陈剑脩、朱章赓为常务理事。

（二）创办学术期刊

《心理》，英文刊名为 *Chinese Journal of Psychology*，由张耀翔于 1922 年 1 月在北平筹备创办的我国第一种心理学期刊。编辑部设在北京高等师范学校心理学实验室的中华心理学会总会，它作为中华心理学会会刊，其办刊宗旨之一是，"中华心理学会会员承认心理学自身是世上最有趣味的一种科学。他们研究，就是要得这种精神上的快乐。办这个杂志，是要别人也得同样的快乐"。①《心理》由张耀翔主编，上海中华书局印刷发行，于1927年7月终刊。该刊总共发表论文163篇，其中具有创作性质的论文至少50篇。1927年，周先庚以《1922年以来中国心理学旨趣的趋势》为题向西方心理学界介绍了刊发在《心理》杂志上共分为21类的110篇论文。② 这是中国心理学界的研究成果第一次集体展示于西方心理学界，促进了后者对中国心理学的了解。

《心理半年刊》，英文刊名为 The N. C. Journal of psychology，由中央大学心理学系编辑，艾伟任主编，于1934年1月1日在南京创刊，至1937年1月1日出版第4卷1期后停刊，共出版7期。其中后5期均为"应用心理专号"，可见当时办刊宗旨是指向心理学的应用。该刊总共载文88篇，其中译文21篇。

《心理季刊》是由上海大夏大学心理学会出版，1936年4月创刊，1937年6月终刊。该刊主任编辑为章颐年，其办刊宗旨是"应用心理科学，改进日常生活"，它是当时国内唯一一份关于心理科学的通俗刊物。《心理季刊》共出版6期，发表87篇文章（包括译文4篇）。栏目主要有理论探讨、生活应用、实验报告及参考、名人传记、书报评论、心理消息、论文摘要等七

---

① 《本杂志宗旨》，载《心理》1922年第1卷1号。
② Chou, S. K., Trends in Chinese psychological interests *since 1922*. *The American Journal of Psychology*. 1927, 38（3）.

个栏目,还有插图照片25帧。

《中国心理学报》由燕京大学和清华大学心理学系编印,1936年9月创刊,1937年6月终刊。后成为中国心理学会会刊。主任编辑为陆志韦,编辑为孙国华和周先庚。蔡元培为该刊题写了刊名。在该刊1卷1期的编后语中,追念20年代张耀翔主编的《心理》杂志,称这次出版"名曰《中国心理学报》,亦以继往启来也"。该刊英文名字为 The Chinese Journal of Psychology,与《心理》杂志英文名字完全相同,因此可以把《中国心理学报》看作是《心理》杂志的延续或新生。同时,《中国心理学报》在当时也承担起不同于20年代"鼓吹喧闹,笔阵纵横"拓荒期的责任,不再是宣传各家学说,而是进入扎扎实实地开展心理学研究的阶段,从事"系统之建立""以树立为我中华民国之心理学"。该刊总共发表文章24篇,其中实验报告14篇,系统论述文章4篇,书评3篇,其他有关实验仪器的介绍、统计方法等3篇。

抗战全面爆发之前,我国出版的心理学刊物还有以下几种:① 《测验》是1932年5月由中国测验学会创刊的专业性杂志,专门发表关于测验的学术论文。共出版9期,于1937年1月出版最后一期之后停刊,计发表100余篇文章。《心理附刊》是中央大学日刊中每周一期的两页周刊,1934年11月20日发刊,中间多次中断,1937年1月14日以后完全停刊。该刊载文多为译文,由该校"心理学会同仁于研习攻读之暇所主持",其

---

① 杨鑫辉、赵莉如主编:《心理学通史》(第2卷),济南:山东教育出版社2000年版,第209—212页,第217—226页。

宗旨是"促进我国心理学正当的发展,提倡心理学的研究和推广心理学的应用"。该刊共出版45期,计发表文章59篇,其中译文47篇,多数文章都是分期连载。《中央研究院心理研究所丛刊》是中央研究院心理研究所印行的一种不定期刊物,专门发表动物学习和神经生理方面的实验研究报告或论文,共出版5期。同时心理研究所还出版了《中央研究院心理研究所专刊》,共发行10期。这两份刊物每一期为一专题论文,均为英文撰写,其中多篇研究报告都具有较高的学术价值。《心理教育实验专篇》是中央大学教育学院教育实验所编辑发行的一种不定期刊物,专门发表心理教育实验报告,共出版7期。1934年2月出版第1卷1期,1939年出版第4卷1期,此后停止刊行。

(三)建立教学和研究机构

1920年,南京高等师范学校教育科设立了心理学系,这是我国建立的第一个心理学系。不久,该校更名为东南大学,东南大学的心理学系仍属教育科。当时中国大学开设独立心理学系的只有东南大学。陈鹤琴任该校教务长,廖世承任教育科教授。在陆志韦的领导下,心理学系发展得较快,有"国内最完备的心理学系"之誉,心理学系配有仪器和设备先进的心理学实验室。1927年,东南大学与江苏其他八所高校合并成立第四中山大学,不久又更名为中央大学。中央大学完全承袭了东南大学的心理学仪器和图书,原注重理科的学科组成心理学系,隶属于理学院,潘菽任系主任。原注重教育的学科组成教育心理组,隶属于教育学系。1929年,教育心理组扩充为教育心理学系,隶属教育学院,艾伟为系主任。1932年,教育心理学系与理学院心理学系合并一系，隶属于教育学院，萧孝嵘出任系主任。1939年，中央大学教育学院改为师范学院，心理学系复归理学院，并在师范学院设立教育心理学所，艾伟出任所长。

1926年，北京大学正式建立心理学系。早在1919年，蔡元培在北京大学将学门改为学系，并在实行选科制时，将大学本科各学系分为五个学组，第三学组为心理学系、哲学系、教育系，当时只有哲学系存在，其他两系未能成立，有关心理学的课程都附设在哲学门（系）。1917年陈大齐在北京大学建立了中国第一个心理学实验室，次年他编写了我国第一本大学心理学教科书《心理学大纲》，该书广为使用，产生很大影响。1926年正式成立心理学系，并陆续添置实验仪器，使心理学实验室开始初具规模，不仅可以满足学生学习使用，教授也可以用来进行专门的研究。

1922年，庄泽宣回国后在清华大学（当时是清华学校时期）开始讲授普通心理学课程。1926年，清华大学将教育学和心理学并重而成立教育心理系。1928年3月1日，出版由教育心理系师生合编的刊物《教育与心理》（半年刊），时任系主任为主任编辑朱君毅，编辑牟乃祚和傅任敢。当年秋天清华大学成立心理学系，隶属于理学院，唐钺任心理学系主任，1930年起孙国华担任心理学系主任。1932年秋，清华大学设立心理研究所（后改称研究部），开始招收研究生。清华大学心理学系建立了一个在当时设备比较先进、完善的心理学实验室，其规模在当时中国心理学界内是数一数二的。

1923年7月，北京师范大学成立，其前身为北京高等师范学校。1920年9月张耀翔受聘于该校讲授心理学课,包括普通心理学、实验心理学、儿童心理学和教育心理学,并创建了一个可容十人的心理学实验室,可称得上当时中国第二个心理学室实验室。

1923年,郭任远受聘于复旦大学讲授心理学。当年秋季招收了十余名学生,成立心理学系,隶属于理科,初设人类行为之初步、实验心理学、比较心理学、心理学审明与翻译四门课程。1924年聘请唐钺讲授心理学史。郭任远曾将几百本心理学书籍杂志用作心理学系的图书资料,并募集资金添置实验仪器、动物和书籍杂志,其中动物就有鼠、鸽、兔、狗和猴等多种,以供实验和研究所用。至1924年,该系已经拥有了心理学、生理学和生物学方面中外书籍2000余册,杂志50余种。1925年郭任远募集资金盖了一个四层楼房,名为"子彬院",将心理学系扩建为心理学院,并出任心理学院主任,这是当时国内唯一的一所心理学院。其规模居世界第三位,仅次于苏联巴甫洛夫心理学院和美国普林斯顿心理学院,故被称为远东第一心理学院。心理学院下拟设生物学系、生理学及解剖学系、动物心理学系、变态心理学系、社会心理学系、儿童心理学系、普通心理学系和应用心理学系等八个系,并计划将来变态心理学系附设精神病院,儿童心理学系附设育婴医院,应用心理学系附设实验学校。子彬院大楼内设有人类实验室、动物实验室、生物实验室、图书室、演讲厅、影戏厅、照相室、教室等。郭任远招揽了国内顶尖的教授到该院任教,在当时全国教育界享有"一院八博士"之誉。

1924年，上海大夏大学成立。最初在文科设心理学系，教育科设教育心理组，并建有心理实验室。1936年，扩充为教育学院教育心理学系，章颐年任系主任。当时该系办得很好，教育部特拨款添置设备，扩充实验室，增设动物心理实验室，并相继开展了多项动物心理研究。大夏大学心理学系很重视实践，自制或仿制实验仪器，并为其他大学心理学系代制心理学仪器，还印制了西方著名心理学家图片和情绪判断测验用图片，供心理学界同仁使用。该系师生还组织成立了校心理学会，创办儿童心理诊察所。大夏大学心理学系在心理学的应用和走向生活方面，属于当时国内心理学界的佼佼者。

1919年，燕京大学最早设立心理科。1920年刘廷芳赴燕京大学教授心理学课程，翌年经刘廷芳建议，心理学与哲学分家独立成系，隶属理学院，由刘廷芳兼任系主任，直至1925年。1926年燕京大学进行专业重组，心理学系隶属文学院。刘廷芳本年度赴美讲学，陆志韦赴燕京大学就任心理学系主任和教授。刘廷芳在美期间为心理学系募款，得到白兰女士（Mrs. Mary Blair）巨额捐助，心理学系的图书仪器设备得到充实，实验室因此命名为"白兰氏心理实验室"。

1929年，辅仁大学成立心理学系，首任系主任为德国人葛尔慈教授（Fr. Joseph Goertz），他曾师从德国实验心理学家林德渥斯基（Johannes Lindworsky），林德渥斯基是科学心理学之父冯特的学生。葛尔慈继承了德国实验心理学派的研究传统，在辅仁大学建立了在当时堪称一流的实验室，其实验仪器均是购自国外最先进的设备。

1927年6月，中山大学成立心理学系，隶属文学院，并创建心理研究所，聘汪敬熙为系、所的主任。他开设了心理学概论、心理学论文选读和科学方法专题等课程。1927年2月汪敬熙在美国留学期间，受戴季陶和傅斯年的邀请回国创办心理研究所，随即着手订购仪器。心理研究所创办时"已购有值毫银万元之仪器，堪足为生理心理学，及动物行为的研究之用，在设备上，在中国无可称二，即比之美国有名大学之心理学实验室，亦无多愧"①。

据《中华民国教育年鉴》统计，截止到1934年我国有国立、省立和私立大学共55所，其中有21所院校设立了心理学系（组）。至1937年之前，国内还有一些大学尽管没有成立心理学系，但通常在教育系下开设有心理学课程，甚至创建有心理学实验室，这些心理学力量同样也为心理学在中国的发展作出了重要贡献，如湖南大学教育学系中的心理学专业和金陵大学的心理学专业。

1928年4月，中央研究院正式成立，蔡元培任院长。心理研究所为最初计划成立的五个研究所之一，这是我国第一个国家级的心理学专门研究机构。1928年1月"中央研究院组织法"公布之后，心理研究所着手筹备，筹备委员会包括唐钺、汪敬熙、郭任远、傅斯年、陈宝锷、樊际昌等六人。② 1929年4月

---

① 引自阎书昌：《中国近现代心理学史（1872—1949）》，上海：上海教育出版社2015年版，第129页。
② 《中央研究院心理学研究所筹备委员会名录》，载《大学院公报》1928年第1期。

中央研究院决定成立心理研究所,于5月在北平正式成立,唐钺任所长。1933年3月心理研究所南迁上海,汪敬熙任所长。此时工作重点侧重神经生理方面的研究。1935年6月,心理研究所又由上海迁往南京。1937年,抗战全面爆发后,心理研究所迁往长沙,后到湖南南岳,又由南岳经桂林至阳朔,1940年冬,至桂林南部的雁山村稍微安定,才恢复了科研工作。抗战胜利后,1946年9月,心理研究所再次迁回上海。

(四)统一与审定专业术语

作为一个学科,其专业术语的定制具有重要的意义。1908年,清学部尚书荣庆聘严复为学部编订名词馆总纂,致力于各个学科学术名词的厘定与统一。学部编订名词馆是我国第一个审定科学技术术语的统一机构。《科学》发刊词指出:"译述之事,定名为难。而在科学,新名尤多。名词不定,则科学无所依倚而立。"[①] 庄泽宣留学回国之后发现心理学书籍越来越多,但是各人所用的心理学名词各异,深感心理学工作开展很不方便。1922年,中华教育改进社聘请美国教育心理测验专家麦柯尔(William Anderson McCall,1891—1982)来华讲学并主持编制多种测验。麦柯尔曾邀请朱君毅审查统计和测验的名词。随后他又提出要开展心理学名词审定工作,并打算邀请张耀翔来做这件事情,但后来把这件事情委托给了庄泽宣。庄泽宣声称利用这次机会,可以钻研一下中国的文字适用于科学的程度如何。庄泽宣首先利用华伦著《人类心理学要领》(*Elements of*

---

① 《发刊词》,载《科学》1915年第1卷第1期。

Human Psychology，1922）一书的心理学术语表，并参照其他的书籍做了增减，然后对所用的汉语心理学名词进行汇总。本来当时计划召集京津附近的心理学者进行商议，但是未能促成。庄泽宣在和麦柯尔商议之后，就开始"大胆定译名"，最后形成了译名草案，由中华教育改进社在 1923 年 7 月印制之后分别寄送给北京、天津、上海、南京的心理学家，以征求意见。最后由中华教育改进社于 1924 年正式出版中英文对照的《心理学名词汉译》一书。

继庄泽宣开展心理学名词审查之后，1931 年清华大学心理系主任孙国华领导心理学系及清华心理学会全体师生着手编制中国心理学字典。此时正值周先庚回国，他告知华伦的心理学词典编制计划在美国早已公布，而且规模宏大，筹划精密，两三年内应该能出版。中国心理学字典的编译工作可以暂缓，待华伦的心理学词典出版之后再开展此项工作。1934 年该系助教米景沅开始搜集整理英汉心理学名词，共计 6000 多词条，初选之后为 3000 多，并抄录成册，曾呈请陆志韦校阅，为刊印英汉心理学名词对照表做准备。而此时由国立编译馆策划，赵演主持的心理学名词审查工作也已开始，一改过去个人或小规模进行心理学名词编制工作的局面，组织了当时中国心理学界多方面的力量参与这项工作，并取得很好的成绩。

1935 年夏天，商务印书馆开始筹划心理学名词的审查工作，由赵演主持，左任侠协助。商务印书馆计划将心理学名词分普通心理学、变态心理学、生理心理学、应用心理学和心理学仪器与设备五部分分别审查，普通心理学名词是最早开始审查的。

赵演首先利用华伦的《心理学词典》(Dictionary of Psychology)搜集心理学专业名词,并参照其他书籍共整理出 2732 个英文心理学名词。在整理英文心理学名词之后,他又根据 49 种重要的中文心理学译著,整理出心理学名词的汉译名称,又将散见于当时报刊上的一些汉译名词补入,共整理出 3000 多个。此后又将这些资料分寄给国内 59 位心理学家,以及 13 所大学的教育学院或教育系征求意见,此后相继收到 40 多位心理学家的反馈意见。这基本上反映了国内心理学界对这份心理学名词的审查意见。例如,潘菽在反馈意见中提到,心理学名词的审查意味着标准化,但应该是帮助标准化,而不能创造标准。心理学名词自身需要经过生存的竞争,待到流行开来再进行审查,通过审查进而努力使其标准化。① 经过此番的征求意见之后,整理出 1393 条心理学名词。此时成立了以陆志韦为主任委员的普通心理学名词审查委员会,共 22 名心理学家,审查委员会的成员均为教育部正式聘请。赵演还整理了心理学仪器名词 1000 多条,从中选择了重要的 287 条仪器名称和普通心理学名词一并送审。1937 年 1 月 19 日在国立编译馆举行由各审查委员会成员参加的审查会议,最后审查通过了 2000 多条普通心理学名词,100 多条心理学仪器名词(后来并入普通心理学名词之中)。1937 年 3 月 18 日教育部正式公布审查通过的普通心理学名词。1939 年 5 月商务印书馆刊行了《普通心理学名词》。赵演空难离世,致使原本拟定的变态心理学、生理心理学和应用心理学名

---

① 潘菽:《审查心理学名词的原则》,载《心理学半年》1936 年第 3 卷 1 期。

词的审定工作中止了，当然，全面抗战的爆发也是此项工作未能继续下去的重要原因。

四、中国本土化：中国现代心理学的目标

早在1922年《心理》杂志的发刊词中就明确提出："中华心理学会会员研究心理学是从三方面进行：一、昌明国内旧有的材料；二、考察国外新有的材料；三、根据这两种材料来发明自己的理论和实验。办这个杂志，是要报告他们三方面研究的结果给大家和后世看。"①"发明自己的理论和实验"为中国早期心理学者提出了发展的方向和目标，就是要实现心理学的中国本土化。

自《心理》杂志创刊之后，有一批心理学文章探讨了中国传统文化中的心理学思想，例如余家菊的《荀子心理学》、汪震的《戴震的心理学》和《王阳明心理学》、无观的《墨子心理学》、林昭音的《墨翟心理学之研究》、金拱之的《孟荀贾谊董仲舒诸子性说》、程俊英的《中国古代学者论人性之善恶》和《汉魏时代之心理测验》、梁启超的《佛教心理学浅测》等。② 这些文章在梳理中国传统文化中心理学思想的同时，还提出建设"中国心理学"的本土化意识。汪震在《王阳明心理学》一文中提出："我们研究中国一家一家心理的目的，就是想造成一部有

---

① 《本杂志宗旨》，载《心理》1922年第1卷1号。
② 张耀翔：《从著述上观察中国心理学之研究》，载《图书评论》1933年第1期。

系统的中国心理学。我们的方法是把一家一家的心理学用科学方法整理出来,然后放在一处作一番比较,考察其中因果的关系,进一步的方向,成功一部中国心理学史。"① 景昌极在《中国心理学大纲》一文更为强调中国"固有"的心理学:"所谓中国心理学者,指中国固有之心理学而言,外来之佛教心理学等不与焉。"② 与此同时,中国早期心理学家还从多个维度上开展了面向中国人生活文化与实践的心理学考察和研究,为构建中国人的心理学或者说中国心理学进行了早期探索工作。例如,张耀翔以中国的八卦和阿拉伯数字为研究素材,用来测验中国人学习能力,尤其是学习中国文字的能力。③ 又如,罗志儒对1600多中国名人的名字进行等级评定,分析了名字笔画、意义、词性以及是否单双字与出名的关系。④ 再如,陶德怡调查了《康熙字典》中形容善恶的汉字,并予以分类、比较,由此推测国民对于善恶的心理,以及国民道德的特色和缺点,并提出了改进国民道德的建议。⑤ 这些研究并非是单纯的文本分析,既有利用中国传统文化中的资料为研究素材所开展的探讨,也有利用现实生活的资料为素材,探讨中国人的心理与行为规律。从这些研究中,我们可以看出中国早期开展的心理学研究对中西方

---

① 汪震:《王阳明心理学》,载《心理》1924年第3卷3号。
② 景昌极:《中国心理学大纲》,载《学衡》1922年第8期。
③ 张耀翔:《八卦研究》,载《心理》1922年第1卷2号。
④ 罗志儒:《出名与命名的关系》,载《心理》1924年第3卷第4号。
⑤ 引自阎书昌:《中国近现代心理学史(1872—1949)》,上海:上海教育出版社2015年版,第193页。

文化差异的关注和探索，对传统文化和生活实践的重视。

到了20世纪30年代，中国心理学在各个领域都取得了长足的发展，一些心理学家开始总结过去20年发展的经验和不足，讨论中国心理学到底要走什么样的道路。1933年，张耀翔在《从著述上观察中国心理学之研究》一文中写道："'中国心理学'可作两解：（一）中国人创造之心理学，不拘理论或实验，苟非抄袭外国陈言或模仿他人实验者皆是；（二）中国人绍介之心理学，凡一切翻译及由外国文改编，略加议论者皆是。此二种中，自以前者较为可贵，惜不多见，除留学生数篇毕业论文（其中亦不尽为创作）与国内二三大胆作者若干篇'怪题'研究之外，几无足述。"[1] 可见，张耀翔明确提出要发展中国人自己的心理学。同年，汪敬熙在《中国心理学的将来》一文中提出了中国心理学的发展方向问题："心理学并不是没有希望的路走……中国心理学可走的路途可分理论的及实用的研究两方面说。……简单说来，就国际心理学界近来的趋势，和我国心理学的现状看去，理论的研究有两条有希望的路。一是利用动物生态学的方法或实验方法去详细记载人或其他动物自受胎起至老死止之行为的发展。在儿童心理学及动物心理学均有充分做这种研究的机会。这种记载是心理学所必需的基础。二是利用生理学的智识和方法去做行为之实验的分析"[2]，而实用的研究这条路则是工业心理的研究。汪敬熙的研究思想及成果对我

---

[1] 张耀翔：《从著述上观察中国心理学之研究》，载《图书评论》1933年第1期。

[2] 汪敬熙：《中国心理学的将来》，载《独立评论》1933年第40号。

国心理学的生理基础领域研究有着深远的影响。1937年,潘菽在《把应用心理学应用于中国》一文中提出:"我们要讲的心理学,不能把德国的或美国的或其他国家的心理学尽量搬了来就算完事。我们必须研究我们自己所要研究的问题。研究心理学的理论方面应该如此,研究心理学的应用方面更应该如此。"只有"研究中国所有的实际问题,然后才能有贡献于社会,也只有这样,我们才能使应用心理学在中国发达起来。……我们以后应该提倡应用的研究,但提倡的并不是欧美现有的应用心理学,而是中国实际所需要的应用心理学。"[1]

上述这些论述包含着真知灼见,其背后隐含着我国第一代心理学家对心理学在中国的本土化和发展中国人自己心理学的情怀。发展中国的心理学固然需要翻译和引介西方的心理学,模仿和学习国外心理学家开展研究,但这并不能因此而忽视、漠视中国早期心理学家本土意识的萌生,并进而促进中国心理学的自主性发展。[2] 在中国现代心理学的各个领域分支中,都有一批心理学家在执着于面向中国生活的心理学实践工作的开展,其中有两个最能反映中国第一代心理学家以本土文化和社会实践为努力目标进行开拓性研究并取得丰硕成果的领域:一是汉字心理学研究,二是教育与心理测验。

---

[1]　潘菽:《把应用心理学应用于中国》,载《心理半年刊》1937年第4卷1期。

[2]　Blowers, G. H., Cheung, B. T., & Han, R., Emulation vs. indigenization in the reception of western psychology in Republican China: An analysis of the content of Chinese psychology journals (1922—1937). *Journal of the History of the Behavioral Sciences*. 2009, 45 (1).

汉字是中国独特的文化产物。以汉语为母语的中国人在接触西方心理学的过程中很容易唤起本土研究的意识，引起那些接受西方心理学训练的中国留学生的关注，并采用科学的方法对其进行研究。20世纪20年代前后中国国内正在兴起新文化运动，文字改革的呼声日渐高涨。最早开展汉字心理研究的是刘廷芳于1916—1919年在美国哥伦比亚大学所做的六组实验，其被试使用了398名中国成年人，18名中国儿童，9名美国成年人和140名美国儿童。[①] 其成果后来于1923—1924年在北京出版的英文杂志《中国社会与政治学报》(*The Chinese Social and Political Science Review*)上分次刊载。1918年张耀翔在哥伦比亚大学进行过"横行排列与直行排列之研究"[②]，1919年高仁山（Kao, J. S.）与查良钊（Cha, L. C.）在芝加哥大学开展了汉语和英文阅读中眼动的实验观察，1920年柯松以中文和英文为实验材料进行了阅读效率的研究。[③] 自1920年起陈鹤琴等人花了三年时间进行语体文应用字汇的研究，并根据研究结果编成中国第一本汉字查频资料即《语体文应用字汇》，开创了汉字字量的科学研究之先河，为编写成人扫盲教材和儿童课本、读物提供了用字的科学依据。1921—1923年周学章在桑代克的指

[①] 周先庚：《美人判断汉字位置之分析》，载《测验》1934年第3卷1期。

[②] 艾伟：《中国学科心理学之发展》，载《教育心理研究》1940年第1卷3期。

[③] Tinker, M. A., Physiological psychology of reading. *Psychological Bulletin*, 1931, 28 (2). 转引自陈汉标：《中文直读研究的总检讨》，载《教育杂志》1935年第25卷10期。

导下进行"国文量表"的博士学位论文研究，1922—1924年杜佐周在爱荷华州立大学做汉字研究。1923—1925年艾伟在华盛顿大学研究汉字心理，他获得博士学位回国后，一直致力于汉语的教与学的探讨，其专著《汉字问题》（1949）对提高汉字学习效能、推动汉字简化以及汉字由直排改为横排等，均产生了重要影响。1925—1927年沈有乾在斯坦福大学进行汉字研究并发表了实验报告，他是利用眼动照相机观察阅读时眼动情况的早期研究者之一。1925年赵裕仁在国内《新教育》杂志上发表了《中国文字直写横写的研究》，1926年陈礼江和卡尔在美国《实验心理学杂志》上发表关于横直读的比较研究。同一年，章益在华盛顿州立大学完成《横直排列及新旧标点对于阅读效率之影响》的研究，蔡乐生（Loh Seng，Tsai）在芝加哥大学设计并开展了一系列的汉字心理研究，并于1928年与亚伯奈蒂（E. Abernethy）合作发表了《汉字的心理学Ⅰ：字的繁简与学习的难易》一文[1]，其后又分别完成了"字的部首与学习之迁移""横直写速率的比较""长期练习与横直写速率的关系"等多项实验研究。蔡乐生在研究中从笔画多少以及整体性的角度，首次发现和证明了汉字心理学与格式塔心理学的关联性。[2] 1925年周先庚于入学斯坦福大学之后，在迈尔斯指导下开展了汉字阅读心理的系列研究。他关于汉字横竖排对阅读影响的实验结

---

[1] 阎书昌：《中国近现代心理学史（1872—1949）》，上海：上海教育出版社2015年版，第162页。

[2] 蔡乐生：《为〈汉字的心理研究〉答周先庚先生》，载《测验》1935年第2卷2期。

果,证实了决定汉字横竖排利弊的具体条件。他并没有拘泥于汉字横直读的比较问题上,而是探索汉字位置和阅读方向的关系。周先庚受格式塔心理学的影响,从汉字的组织性视角来审视,一个汉字与其他汉字在横排上的格式塔能否迁移到竖排汉字的格式塔上,以及这种迁移对阅读速度影响大小的问题。他提出汉字分析的三个要素,即位置、方向及持续时间,其中位置是最为重要的要素。① 他在美国《实验心理学杂志》和《心理学评论》上分别发表了四篇实验报告和一篇理论概括性文章。他还热衷于阅读实验仪器的设计与改良,曾发明四门速示器(Quadrant Tachistocope)专门用于研究汉字的识别与阅读。

1920年前后有十多位心理学家从事汉字心理学的相关研究,其中既有中国留学生在美国导师指导下进行的研究,也有国内学者开展的研究,研究的主题多为汉字的横直读与理解、阅读效率等问题,这与当时新文化运动中革新旧文化和旧习惯思潮有着紧密联系,同时也受到东西方文字碰撞的影响,因为中国旧文字竖写,而西方文字横写,两种文字的混排会造成阅读的困扰。这些心理学家在当时开展汉字的心理学研究的方法涉及速度记录法、眼动记录、速示法、消字法等多种方法,而且还有学者专门为研究汉字研制了实验仪器,利用的中国语言文字材料涉及文言文散文、白话散文、七言诗句等,从而在国际心理学舞台上开创了一个崭新的研究领域,对于改变汉字此前在西方心理学研究之中仅仅被用作西方人不认识的实验材料的局

---

① Chou,S.K.,Reading and legibility of Chinese characters. *Journal of Experimental Psychology*. 1929,12(2).

面具有重要的意义。① 汉字心理学研究对推动心理学的中国本土化作出了重要贡献，同时也为国内文字改革提供了科学的实验依据，正如蔡乐生所说："我向来研究汉字心理学的动机是在应用心理学实验的技术，求得客观可靠的事实，来解决中国字效率的问题。"②

在中国现代心理学发展历程中一向重视心理测验工作，测验一直与教育有着密切联系，在此基础上，逐渐向其他领域不断扩展。在 20 世纪 20 年代，仅《心理》杂志就刊载智力测验类文章 14 篇，教育测验类文章 11 篇，心理测验类文章 3 篇，职业测验类文章 1 篇。另外，还介绍其他杂志上测验类文章 57 篇。这反映了 20 年代初期国内心理与教育测验发展迅猛。

陈鹤琴与廖世承最早开拓了中国现代心理与教育测验事业，大力倡导、践行这一领域的工作。陈鹤琴在国内较早发表了《心理测验》③《智力测验的用处》④ 等文章。1921 年他与廖世承合著的《智力测验法》是我国第一部心理测验方面著作。该书介绍个人测验与团体测验，其中 23 种直接采用了国外的内容，12 种根据中国学生的特点自行创编。该书被时任南京高师校长

---

① 例如 1920 年赫尔（Clark Leonard Hull）、1923 年郭任远都曾利用汉字做过实验素材。
② 蔡乐生：《为〈汉字的心理研究〉答周先庚先生》，载《测验》1935 年第 2 卷 2 期。
③ 陈鹤琴：《心理测验》，载《教育杂志》1921 年第 13 卷 1 期。
④ 陈鹤琴：《智力测验的用处》，载《心理》1922 年第 1 卷 1 号。

郭秉文赞誉为:"将来纸贵一时,无可待言。"① 陈鹤琴还自编各种测验,如"陈氏初小默读测验""陈氏小学默读测验"等。他的默读测验、普通科学测验和国语词汇测验被冠以"陈氏测验法"。② 后又著有《教育测验与统计》(1932)和《测验概要》(与廖世承合著,1925)等。③ 廖世承在团体测验编制上贡献最大,1922年美国哥伦比亚大学心理学教授、测验专家麦柯尔来华指导编制各种测验,廖世承协助其工作。廖世承编制了"道德意识测验"(1922)、"廖世承团体智力测验"(1923)、"廖世承图形测验"(1923)和"廖世承中学国语常识测验"(1923)等。1925年他与陈鹤琴合著的《测验概要》出版,该书强调从中国实际出发,"书中所举测验材料,大都专为适应我国儿童的"。④ 该书奠定了我国中小学教育测验的基础,在当时处于领先水平。这一年也被称为"廖氏之团体测验年",是教育测验上的一大创举。⑤ 1924年,陆志韦从中国实际出发,主持修订《比纳-西蒙量表》,并公布了《订正比纳-西蒙智力测验说明书》。

---

① 北京市教育科学研究所编:《陈鹤琴全集》(第5卷),南京:江苏教育出版社1991年版,第384页。

② 据《中华教育改进社第三次会务报告》记载,截至1924年6月,该社编辑出版的19种各类学校测验书籍中,陈鹤琴编写的中学、小学默读测验和常识测验书籍有5本。

③ 北京市教育科学研究所编:《陈鹤琴全集》(第5卷),南京:江苏教育出版社1991年版,第653页。

④ 北京市教育科学研究所编:《陈鹤琴全集》(第5卷),南京:江苏教育出版社1991年版,第653页。

⑤ 许祖云:《廖世承、陈鹤琴〈测验概要〉:教育测验的一座丰碑》,载《江苏教育》2002年19期。

1936年，陆志韦与吴天敏合作，再次修订《比纳-西蒙测验说明书》，为智力测验在我国的实践应用和发展起到了推动作用。

1932年，《测验》杂志创刊，对心理测验与教育测验工作产生了极大地推动作用，在该杂志上发表了许多文章讨论测验对中国教育的价值和功用。在我国心理测验的发展历程中，还有一批教育测验的成果，如周先庚主持的平民教育促进会的教育测验成果。20世纪30年代，对心理与教育测验领域贡献最大的是同在中央大学任职的艾伟和萧孝嵘。艾伟从1925年起编制中小学各年级各学科测验、儿童能力测验及智力测验，如"中学文白理解力量表""汉字工作测验"等八种，"小学算术应用题测验""高中平面几何测验"等九种，大、中学英语测验等四种。这些测验的编制，既是中国编制此类测验的开端，也为心理测量的中国化奠定了基础。艾伟还于1934年在南京创办试验学校，直接运用测验于教育，以选拔儿童，因材施教。萧孝嵘于20世纪30年代中期从事各种心理测验的研究。1934年着手修订"墨跋智力量表"，他还修订了古氏（Goodenough）"画人测验"、普雷塞（Pressey）"XO测验"、莱氏（Laird）"品质评定"、马士道（Marston）"人格评定"和邬马（Woodworth-Matheus）"个人事实表格"等量表。抗战全面爆发后，中央大学迁往陪都重庆，他订正数种"挑选学徒的方法"，编制几项"军队智慧测验"。萧孝嵘强调个体差异，重视心理测验在教育、实业、管理、军警中的应用。

五、国际参与性：中国现代心理学的影响

我们完全可以说，我国第一代心理学家的研究水平和国外第二代或第三代心理学家的研究水平是处在同一个起跑线上的，他们取得了极高的学术成就，为我国心理学赢得了世界性荣誉。就中国心理学与国外心理学的差距来说，当时的差距远小于今天的差距。当然，今天的差距主要是中国心理学长期的停滞所造成的结果。中国留学生到国外研修心理学，跟随当时西方著名心理学家们学习和研究，他们当中有人在学习期间就取得了很大成就，产生了国际学术影响。例如，陆志韦应用统计和数学方法对艾宾浩斯提出的记忆问题进行了深入的研究，提出许多新颖的见解，修正了艾宾浩斯的"遗忘曲线"。又如，陈立对其老师斯皮尔曼的 G 因素不变说提出了质疑，被美国著名心理测验学家安娜斯塔西在其《差异心理学》一书中加以引用。后来心理学家泰勒在《人类差异心理学》一书中将陈立的研究成果评价为 G 因素发展研究中的转折点。① 下面具体介绍三位在国际心理学界产生更大影响的中国心理学家的主要成就。

（一）郭任远掀起国际心理学界的反本能运动

郭任远在美国读书期间，就对欧美传统心理学中的"本能"学说产生怀疑。1920 年在加利福尼亚大学举行的教育心理学研讨会上，他作了题为《取消心理学上的本能说》的报告，次年

---

① 车文博：《学习陈老开拓创新的精神，开展可持续发展心理学的研究》，载《应用心理学》2001 年第 1 期。

同名论文在美国《哲学杂志》上发表。他说："本篇的主旨，就是取消目下流行的本能说，另于客观的和行为的基础上，建立一个新的心理学解释。"① 郭任远尖锐地批评了当时美国心理学权威麦独孤的本能心理学观点，指出其关于人的行为起源于先天遗传而来的本能主张是错误的，认为有机体除受精卵的第一次动作外，别无真正不学而能的反应。该文掀起了震动美国心理学界关于"本能问题"的大论战。麦独孤于1921—1922年撰文对郭任远的批评进行了答辩，并称郭任远是"超华生"的行为主义者。行为主义心理学创始人华生受郭任远这篇论文及其以后无遗传心理学研究成果的影响，毅然放弃了关于"本能的遗传"的见解，逐渐转变成为一个激进的环境决定论者②。郭任远后来说："在1920—1921年的一年间虽然有几篇内容相近的、反对和批评本能的论文发表，但是在反对本能问题上，我就敢说，我是最先和最彻底的一个人。"③

1923年，郭任远因拒绝按照学术委员会的意见修改学位论文而放弃博士学位回国任教④，此后其主张更趋极端，声称不但要否认一切大小本能的存在，就是其他一切关于心理遗传观念和不学而能的观念都要一网打尽，从而建设"一个无遗传的行

---

① Kuo, Z. Y., Giving up instincts in psychology. *The Journal of Philosophy*. 1921, 18 (24).

② Hothersall, D., *History of Psychology* (Fourth Edition). New York: McGraw-Hill, 2004, p. 482.

③ 郭任远：《心理学与遗传》，上海：商务印书馆1929年版，第237页。

④ 1936年，在导师托尔曼的帮助下，郭任远重新获得博士候选人资格，并获得博士学位。

为科学"。① 他明确指出:"(1)我根本反对一切本能的存在,我以为一切行为皆是由学习得来的。我不仅说成人没有本能,即使是动物和婴儿也没有这样的东西。(2)我的目的全在于建设一个实验的发生心理学。"为了给他的理论寻找证据,郭任远做了一个著名的"猫鼠同笼"的实验。该实验证明,猫捉老鼠并不是从娘胎生下来就具有的"本能",而是后天学习的结果。后来郭任远又以独创的"郭窗"(Kuo window)方法研究了鸡的胚胎行为的发展,即先在鸡蛋壳开个透明的小窗口,然后进行孵化,在孵化的过程中对小鸡胚胎的活动进行观察。该研究证明了,一般人认为小鸡一出生就有啄食的"本能"是错误的,啄食的动作是在胚胎中学习的结果。这些实验在今天仍被人们奉为经典。郭任远于1967年出版的专著《行为发展之动力形成论》②,用丰富的事实较完善地阐述了他关于行为发展的理论,一时轰动西方心理学界。

在郭任远逝世2周年之际,1972年美国《比较与生理心理学》杂志刊载了纪念他的专文《郭任远:激进的科学哲学家和革新的实验家》,并以整页刊登他的照片。该文指出:"郭任远先生的胚胎研究及其学说,开拓了西方生理学、心理学新领域,尤其是对美国心理学的新的理论研究开了先河,有着不可磨灭的贡献。""他以卓尔不群的姿态和勇于探索的精神为国际学术

---

① Kuo, Z. Y., A psychology without heredity. *The Psychological Review*. 1924, 31 (6), pp. 427—448.

② Kuo, Z. Y., *The dynamics of behavior development: An epigenetic view*. New York: Random House. 1967.

界留下一笔丰厚的精神财富"。① 这是《比较与生理心理学》创刊以来唯一一次刊文专门评介一个人物。郭任远是被选入《实验心理学100年》一书中唯一的中国心理学家②，他也是目前唯一一位能载入世界心理学史册的中国心理学家。史密斯（N. W. Smith）在《当代心理学体系——历史、理论、研究与应用》（2001）一书的第十三章中，将郭任远专列一节加以介绍。③

（二）萧孝嵘澄清美国心理学界对格式塔心理学的误解

格式塔心理学是西方现代心理学的一个重要派别，最初产生于德国，其三位创始人是柏林大学的惠特海墨、苛勒和考夫卡。1912年惠特海墨发表的《似动实验研究》一文是该学派创立的标志。1921年他发表的《格式塔学说研究》一文是描述该学派的最早蓝图。1922年考夫卡据此文应邀为美国《心理学公报》撰写了一篇《知觉：格式塔理论引论》④，表明了三位领导人的共同观点，引起美国心理学界众说纷纭。当时美国心理学界对于新兴的格式塔运动还不甚了解，甚至存在一些误解。针对这种情况，正在美国读书的中国学生萧孝嵘，于1927年在哥伦比亚大学获得硕士学位后即前往德国柏林大学，专门研究格

---

① Gottlieb. G., Zing-Yang Kuo: Radical Scientific Philosopher and Innovative Experimentalist (1898—1970). *Journal of Comparative and Physiological Psychology*. 1972, 8 (1).

② 马前锋：《中国行为主义心理学家郭任远——"超华生"行为主义者》，载《大众心理学》2006年第1期。

③ Smith, N. W. 著，郭本禹等译：《当代心理学体系》，西安：陕西师范大学出版社2005年版，第332—336页。

④ Koffka, K., Perception: An introduction to Gestalt-theorie. *Psychological Bulletin*. 1922, 19.

式塔心理学。他于次年在美国发表了两篇关于格式塔心理学的论文《格式塔心理学的鸟瞰观》[1]和《从1926年至1927年格式塔心理学的某些贡献》[2]，比较系统明晰地阐述了格式塔心理学的主要观点和最新进展。这两篇文章在很大程度上澄清了美国心理学界对格式塔心理学的错误认识，受到著名的《实验心理学史》作者、哈佛大学心理学系主任波林的好评。同一年他将其中的《格式塔心理学的鸟瞰观》稍作增减后在国内发表。[3]此文引起在我国最早译介格式塔心理学的高觉敷的关注，他建议萧孝嵘撰写一部格式塔心理学专著，以作系统深入的介绍。萧孝嵘于1931年在柏林写就《格式塔心理学原理》，他在此书"缘起"中指出："往岁上海商务印书馆高觉敷先生曾嘱余著一专书……此书之成，实由于高君之建议。""该书专论格式塔心理学之原理。这些原理系散见于各种著作中，而在德国亦尚未有系统的介绍。"[4]这本著作是我国心理学家在1949年之前出版的唯一一本有关格式塔心理学原理的著作，在心理学界产生了很大的影响。当时在美国有关格式塔心理学原理的著作，仅有苛勒以英文撰写的《格式塔心理学》（*Gestalt Psychology*）于

---

[1] Hsiao, H. H., A suggestive review of Gestalt psychology. *Psychological Review*. 1928, 35 (4).

[2] Hsiao, H. H., Some contributions of Gestalt psychology from 1926 to 1927. *Psychological Bulletin*. 1928, 25 (10).

[3] 萧孝嵘：《格式塔心理学的鸟瞰观》，载《教育杂志》1928年第20卷9号。

[4] 萧孝嵘：《格式塔心理学原理》，上海：国立编译馆1934年版，"缘起"第1页。

1929年出版，而考夫卡以英文写作的《格式塔心理学原理》（Principles of Gestalt Psychology）则迟至1935年才问世。

（三）戴秉衡继承精神分析社会文化学派的思想

戴秉衡（Bingham Dai）于1929年赴芝加哥大学学习社会学，1932年完成硕士学位论文《说方言》。他在分析过若干说方言者的"生命史"与"文化模式"之后，提出一套"社会心理学"的解释："个体为社会不可分割之部分，而人格是文化影响的产物。"① 同年，戴秉衡在攻读芝加哥大学社会学博士学位时，结识并接受精神分析社会文化学派代表人物沙利文的精神分析，沙利文还安排他由该学派的另一代表人物霍妮督导。沙利文和霍妮都反对弗洛伊德的正统精神分析，提出了精神分析的社会文化观点，像他的导师们一样，戴秉衡不仅仅根据内心紧张看待人格问题，而是从社会文化背景理解人格问题。② 1936年至1939年，戴秉衡在莱曼（Richard S. Lyman）任科主任的私立北平协和医学院（北京协和医学院的前身）神经精神科从事门诊、培训和研究工作。拉斯威尔在1939年的文章指出，受过社会学和精神分析训练的戴秉衡在协和医学院的工作为分析"神经与精神症人格"，借以发现"特定文化模式整合入人格结构中

---

① 转引自王文基：《"当下为人之大任"——戴秉衡的俗人精神分析》，载《新史学》2006年第17卷第1期。

② Blowers, G., Bingham Dai, Adolf Storfer, and the tentative beginnings of psychoanalytic culture in China, 1935—1941. Psychoanalysis And History. 2004, 6 (1).

之深度"。①

1939年，戴秉衡返回美国，先后在费斯克大学、杜克大学任教。此后，他以在北平协和医学院工作期间收集到的资料继续沿着沙利文的思想进行研究，发表了多篇论文，成为美国代表沙利文学说的权威之一。他在《中国文化中的人格问题》② 一文中分析了中国患者必须面对经济与工作、家庭、学业、社会、婚外情等社会问题。他在《战时分裂的忠诚：一例通敌研究》③一文提出疾病来自于社会现实与自我的冲突，适应是双向而非单向的过程，也提出选择使用"原初群体环境"概念取代弗洛伊德的"俄狄浦斯情结"。他重点关注文化模式与人格结构之间的互相作用，并不重视弗洛伊德主张童年经验对个体以后心理性欲发展影响的观点，他更加关注的是"当下"。他也不赞同弗洛伊德的潜意识和驱力理论，始终从意识、社会意识、集体意识出发，思考精神疾病的起因及中国人格结构的生成。他还创立了自己独特的分析方法，被称为"戴分析"(Daianalysis)。据曾在杜克大学研修过的我国台湾叶英堃教授回忆："在门诊部进修时，笔者被安排接受 Bingham Dai 教授的'了解自己'的分析会谈……Dai（戴）教授是中国人，系中国大陆北京协和医院

---

① 转引自王文基：《"当下为人之大任"——戴秉衡的俗人精神分析》，载《新史学》2006年第17卷第1期。

② Dai, B., Personality problems in Chinese culture. *American Sociological Review*. 1941, 6 (5).

③ Dai, B., Divided loyalty in war: A study of cooperation with the enemy. *Psychiatry: Journal of the Biology and Pathology of Interpersonal Relationships*. 1944, 7 (4).

的心理学教授……为当时在美国南部为数还少的 Sullivan 学说权威学者之一。"①

六、名著丛编：中国现代心理学的掠影

我国诸多学术史研究都存在"远亲近疏"现象。就我国的心理学史研究来说，对中国古代心理学史和外国心理学史研究较多，而对中国近现代心理学史研究较少。中国近现代心理学史研究一直相对粗略，连心理学专业人士对我国第一代心理学家的生平和成就的了解都是一鳞半爪，知之甚少。新中国成立后，由于长期受到左倾思想的影响，心理学不受重视乃至遭到批判甚至被取消，致使大多数主要学术活动在民国期间进行的中国第一代心理学家受到错误批判，一部分新中国成立前夕移居台湾和香港地区或国外的心理学家的研究与思想，在过去较长一段时期内，更是人们不敢提及的研究禁区。这不能不说是我国心理学界的一大缺憾！民国时期的学术是中国现代学术史上成就极大的时期，当时的中国几乎成为世界学术的缩影。就我国心理学研究水平而言，更是如此。中国现代心理学作为现代学科体系中重要的组成部分，正是在民国期间确立的，它是我国当代心理学发展的思想源头，我们不能忘记这一时期中国心理学的学术成就，不能忘记中国第一代心理学家的历史贡献。

---

① 王浩威：《1945 年以后精神分析在台湾的发展》，载施琪嘉、沃尔夫冈·森福主编：《中国心理治疗对话·第 2 辑·精神分析在中国》，杭州：杭州出版社 2009 版，第 76 页。

我国民国时期出版了一批高水平、有影响力的心理学著作[①]，它们作为心理学知识的载体对继承学科知识、传播学科思想、建构中国人的心理学文化起到了重要作用。但遗憾的是，民国期间的心理学著作大多数都被束之高阁，早已被人们所忘却。我们编辑出版的这套"二十世纪中国心理学名著丛编"，作为民国时期出版的心理学著作的一个缩影或窗口，借此重新审视和总结我国这一时期心理学的学术成就，以推进我国当前心理学事业的繁荣和发展。"鉴前世之兴衰，考当今之得失"，这正是我们编辑出版这套"丛编"的根本出发点。

这套"丛编"的选编原则是：第一，选编学界有定评、学术上自成体系的心理学名作；第二，选编各心理学分支领域的奠基之作或扛鼎之作；第三，选编各心理学家的成名作品或最具代表之作；第四，选编兼顾反映心理学各分支领域进展的精品力作；第五，选编兼顾不同时期（1918—1949）出版的心理学优秀范本。

郭本禹、阎书昌
2017 年 7 月 18 日

[①] 北京图书馆依据北京图书馆、上海图书馆和重庆图书馆馆藏的民国时期出版的中文图书所编的《民国时期总书目》（1911—1949），基本上反映了这段时期中文图书的出版面貌，是当前研究民国时期图书出版较权威的工具书。它是按学科门类以分册形式出版的，根据对其各分册所收录的心理学图书进行统计，民国时期出版的中文心理学图书共计 560 种，原创类图书约占 66%，翻译类图书约占 34%。参见何姣、胡清芬：《出版视阈中的民国时期中国心理学发展史考察——基于民国时期心理学图书的计量分析》，载《心理学探新》2014 年第 2 期。

特邀编辑前言

萧孝嵘（1897－1963），湖南衡阳人，我国著名心理学家，教育家。他一生著述甚多，在心理学的多个领域都有非凡成就。他曾参与主持创建多个心理学学术研究机构，如中国测验学会、中国心理卫生协会、中国心理学会、中国人事心理研究社，并在其中担任重要职务。萧孝嵘先生研究领域广泛，在格式塔心理学、发展心理学、教育心理学、变态心理学、人事心理学、军事心理学等领域均做出了重要贡献，是我国现代心理学的有力推动者之一，在西方心理学思想引进，心理学学科建设，人才培养以及普及心理学应用方面做出了卓越贡献，是我国现代心理学的奠基者之一。

萧孝嵘1919年毕业于上海圣约翰大学，之后回湖南从事中学教学工作，并曾应聘至衡阳船山大学任教。1926年，他就学于美国机能主义心理学重镇哥伦比亚大学，次年获硕士学位，随即赴德国柏林大学研究格式塔心理学，1928年8月返回美国就读于加州大学伯克利分校，并于1930年6月获得加利福尼亚大学心理学哲学博士学位。他在伯克利的主攻方向是儿童心理发展，期间与导师一起创立至今仍富盛名的哈罗德·琼斯儿童研究中心（Harold Jones Child Study Center，即伯克利心理系的儿童研究中心），并且曾经与新行为主义大师托尔曼一起设计使用迷津对动物进行实验。① 获得博士学位后，他还曾赴英、法、德等国心理研究所进行博士后的心理学研究工作。萧孝嵘在美国期间，在各种心理学刊物上发表了多篇论文，颇受好评，曾荣获美国"科学荣誉学会""心理学荣誉学会"的金钥匙奖。②

1931年，萧孝嵘归国就任国立中央大学心理学教授，后来又担任心理系主任、心理学研究所所长直至解放。在中央大学任职期间，先后讲授十余门心理学课程，培养了一批中国心理科学工作者，这些人中很多人后来成为中国心理学界的骨干力量。作为中央大学的著名心理学教授，萧孝嵘与蒋介石以及一些高层党政官员都有联系，曾经为蒋介石进行过精神分析；③ 1934年，陈立夫发起"良师兴国"运动，期间邀请当时诸多教育名家发表讲演，萧孝嵘曾受邀在中央大学礼堂主讲"心理学在社会方面的应用"。④ 在这期间，萧孝嵘还积极参与心理学机

---

① 参见萧孝嵘：《心理问题》，中华书局中华民国三十年版，第606页。

② 高觉敷主编：《中国心理学史》，人民教育出版社1985年版，第377页。

③ 肖泽萍，精神分析在中国能否奏效，《中国心理卫生杂志》，2002年，第16卷第11期。

④ 陈立夫公馆，http：//www. jllib. cn：8080/njmgjz. cn/ggsg/b124。

构的创建和领导工作。（1）1933年，萧孝嵘当选中国测验学会（1931年成立）常务理事，并担任该年年会主席。抗战胜利后，中国测验学会迁回南京，会址设在国立中央大学心理系内，萧孝嵘一度主持学会会务。（2）1935年，萧孝嵘与丁瓒等人在南京发起成立中国心理卫生协会的活动，开展精神健康和儿童心理指导方面的工作。次年，中国心理卫生协会在南京正式成立。（3）1936年，萧孝嵘和北京、上海、南京等地的三十四位心理学学者正式发起组织中国心理学会。次年1月24日，中国心理学会在南京正式成立，萧孝嵘当选为七位理事之一。

新中国成立后，1949年，他兼任复旦大学心理学教授和教育系主任。1952年，全国院系调整后，他担任华东师范大学心理学教授，同时他还担任上海市心理学会副理事长。

萧孝嵘先生一生学术成就斐然。自1931年回国任教起，他"以不到十年的时间，把当时西方儿童心理学、教育心理学、变态心理学、工业心理学、军事心理学、格式塔心理学等一些较新的研究成果介绍给国内，大大地丰富了我国心理学研究内容，推动了我国心理学事业的发展。"[1] 最突出之处无疑是对格式塔心理学、儿童心理学和学习心理学的研究。

首先，他是将格式塔心理学引进中国的第一人。自1927年获得硕士学位后，他赴德国研究格式塔心理学。当时美国心理学界对德国格式塔学派了解不深，甚至存在诸多误解。1927年，

---

[1] 缪小春. 治学严谨，成果卓著——记萧孝嵘教授，载吴铎主编. 师魂—华东师大老一辈名师. 上海：华东师范大学出版社，2011：544－548.

萧孝嵘发表了两篇关于格式塔心理学的论文，其中一篇后来改写为中文发表在中国《教育杂志》上，并收录在其1939年出版的论文集《心理问题》一书中。① 在这篇名为《格式塔心理学鸟瞰》的论文中，萧孝嵘首先介绍了格式塔心理学的核心概念，比如"现象式""形与基"等。② 其次，他概括介绍了格式塔心理学在知觉、注意、认识、动作、思维等领域的基本理论观点。特别值得注意的是他对格式塔心理学的评论：一是格式塔与视觉联系紧密，可用"有机单元"一词代替；二是区分格式塔定律的应用范围；三是"识辨"（即今所谓"顿悟"）应当区分出具体的环境变量，由此才能推动学习心理学发展；四是格式塔心理学实验无法应用统计分析，科学性不足。③ 他对格式塔心理学的介绍受到美国心理学界的重视，并赢得哈佛大学心理学系主任波林（E. G. Boring）的好评。后来，萧孝嵘接受上海商务印书馆高觉敷先生的建议，写下一本关于格式塔心理学的专著——《格式塔心理学原理》，并于1933年出版。在书中"缘起"部分，萧孝嵘写道："著者在美国的时候，因为心理学界中对于格式塔心理学有种种误解，偶做简单的介绍。后来研究此派之学说者与预备博士考试者皆视为重要参考，且哈佛大学心理系主任白林（Boring）教授及其他心理学者亦对于拙著予以满意的批评"，"本书专论格式塔心理学之原理，这些原理散见于各种

---

① 郭本禹主编. 中国心理学经典人物及其研究. 合肥：安徽人民出版社，2009：235.
② 萧孝嵘. 心理问题. 上海：中华书局，1939：590—593.
③ 萧孝嵘. 心理问题. 上海：中华书局，1939：603—606.

著作中，而在德国亦尚未有系统的介绍。从这方面，本书实为最初之尝试"。据此，可知萧孝嵘的工作不只是中国心理学界引进格式塔心理学的第一人，从系统介绍格式塔心理学的角度来看，他也是先驱者之一。"格式塔"一词由他首先译出，现已广为学术界所认可。

其次，他是中国实验儿童心理学的先驱。萧孝嵘初赴美国攻读学位之时，就将儿童心理学作为专业。归国之后，他撰写多篇论文，除了介绍引介西方儿童心理学的理论近况以及观点之外，还进行了一系列关于儿童心理的实验及测验研究。在20世纪二三十年代，他先后发表了《儿童心理学之方法观》(1933)、《记忆形式发展之初步研究》(1933)、《儿童心理学最近之发展》(1933)、《修订儿童智力测验》(1933)、《儿童年的对象》(1935)以及《儿童社会性之发展及其教育》(1935)等论文。另外，他还出版了《实验儿童心理学》(1933)、《儿童心理学及其应用》(1935)、《儿童心理学》(1936)等专著。因此，有人评论道："在一定意义上说，他是中国实验儿童心理学的先驱。"①

再次，他对学习心理学进行了批判性的探索。他对于学习心理学的贡献，主要体现在对桑代克理论的研究上。在20世纪30年代，他曾经发表多篇文章对学习心理学，特别是对当时盛行影响极大的桑代克的学习理论予以深入研究。例如，他发表了《对于桑代克学习心理学说之我见》(1929)、《桑代克的"相

---

① 燕国材主编.中国心理学史资料选编（第四卷）.北京：人民教育出版社，1990：268.

属原则"的解剖》(1933)、《桑代克之人类学习》(1933)、《教与学的根本问题》(1935)、《练习律的矛盾——练习的消极影响》(1935)等关于桑代克学习规律的理论分析。此外，他还进行了一些实验研究，比如《相对反应之实验研究》(1935)等。桑代克当时被誉为"教育心理学之父"，其学习心理学理论也广为流传，当时大家均认为桑代克对学习规律的总结已经比较完善，然而萧孝嵘却对此有所质疑。1933年萧孝嵘在中央大学开设"学习心理学"，通过一系列实验对桑代克的学习规律进行验证。① 以《练习律的矛盾》一文为例，萧孝嵘认为，桑代克在阐述练习律的时候，其理论预设假定学习过程中练习总是有益的。萧孝嵘反对这一观点，他援引邓普拉的例子，表示练习的影响有时候是消极的。进而，他开始探讨练习消极影响的发生条件。为此，他分析出邓普拉例子中所存在的两个条件，进而设计了三组实验，比较条件缺失程度不同的情形下被试的情况。结果表明，邓普拉的发现是得到了实验支持的，因而他认为，练习的影响并不总是符合桑代克的练习律。② 由此可知，萧孝嵘对于西方理论的引进并不是盲目地移植，而是经过理论探索和实证检验进行判断的。此外，他撰写的《教育心理学》于1946年

---

① 缪小春. 治学严谨，成果卓著——记萧孝嵘教授，载吴铎主编. 师魂—华东师大老一辈名师. 上海：华东师范大学出版社，2011：544—548.

② 萧孝嵘. 练习律的矛盾——练习的消极影响. 中华教育界，1935，32(4)：43—44.

出版，被列为"部定大学用书"。①

除了这些突出的成就，引人注目的还有他积极致力于心理学的实际应用。自归国之后，萧孝嵘对于将西方心理学知识应用于当时中国社会生活非常重视，在许多领域进行了具体研究，发表多部著作宣传和推动心理学应用的实践。这些研究和实践即使对于今天我国心理学界来说，也具有重要的参考价值和意义。

早在国立中央大学时期，他先后讲授了变态心理学、实业心理学、军事心理学等应用心理课程。他编纂《心理学在生活各方面应用》，对心理学在家庭、军事、法学、实业、医学、学校等方面的应用进行了系统论述，在应用范围和应用方法上均有较高建树。

在心理学的一般应用方面，他撰写了一部专门著作《普通应用心理》，由商务印书馆于1937年出版。该书共四个部分，分别是"支配人类行为的基本因素""增进自身效率的各种方法""支配他人的各种方法""心理学在生活各方面的特殊问题"。他自述撰写该书的目的在于"使一般人所已朦胧认识的心理原则尽量地具体化，而同时使心理实验室中所发现的心理原则尽量地通俗化"，从而使"这两类原则可以普遍地应用以增进各种事业上的成功"。② 因此，可以说这本书书是一本面向大众

---

① 陈竞蓉. 教育交流与社会变迁——哥伦比亚大学与现代中国教育. 武汉：华中科技大学出版社，2011：231.

② 萧孝嵘：《普通应用心理》，编著大意，商务印书馆中华民国二十六年版.

的应用心理学教程。

萧孝嵘在宣传推进心理学应用之时,对于心理学在医学和心理卫生方面的应用,也非常重视。在1933年发表的《心理学在生活的各方面应用》的一文中,他认为心理学在医学上的应用可以分为预防和治疗两个方面,并提出对于精神病的心理发生、发展机制及其与环境因素的关系需要予以关注并加以研究。①

在1934年一篇题为《心理卫生之基本原则》的文章中,萧孝嵘具体阐述了他所秉持的心理卫生原则。他认为,在他所处的年代,心理卫生学还是一门新兴的科学,无论在实践效果还是在把握其实质内涵上都存在困难。然而他仍然认为还是有几点可以把握指导未来的研究。他提出心理卫生的目标在于"培养或者恢复人格之健全性,而人格之健全性常为外界和内部两种情境所支配"②,所以他认为一种健全的心理卫生计划,一是要注意对外界情境进行控制,二是要注意对内部情境进行控制。这一心理卫生原则的阐述,从生理、心理两个方面(即内外两种情境)出发对心理卫生的机制和原理进行阐释,重点论述了对于心理因素的控制和训练,突出了心理学知识和技术在心理卫生工作中的应用。1935年,萧孝嵘与丁瓒等人在南京开展并

---

① 萧孝嵘:心理学在生活的各方面应用. 心理半年刊,1934,2(1):1—11.
② 萧孝嵘:心理学在生活的各方面应用. 心理半年刊,1934,2(1):1—11.

指导儿童心理卫生的活动，次年中国心理卫生协会在南京成立。[①] 他对于心理卫生的重视可见一斑。

在论述一般的心理卫生原则的同时，萧孝嵘关注了对于变态心理学的研究。1934年，萧孝嵘发表过一篇题为《现代变态心理学说之分析及其批评》的文章，详尽论述了当时比较流行的变态心理学理论，包括[②]：一、行为学说，利用行为主义中的"条件反射"（conditioned reflex，今译条件反射）的概念解释心理疾病的形成。二、复故说（The Theory of Redintegration），复故意味着"一部分出现而恢复其全体之趋势"。三、感觉说（The Sensationistic Theory），萧孝嵘认为法国心理学家带有感觉主义的色彩，其核心观点即是感觉是精神生活的重要内容，疲劳是产生精神疾病的主要原因。四、精神分析学说（The Psychoanalytic Theory）即弗洛伊德的主张，萧孝嵘总结后认为，弗洛伊德认为产生精神病的原因是力比多的固定倾向与意外经验冲突，从而造成退化的结果。五、生活力说（The Theory of Life Energy），由荣格主张，与弗洛伊德不同的地方在于"患者的感情与幻想并非真与真正的父母发生关系，而是与想象中所产生之意象发生关系"。六、个性心理说（The Theory of Individual Psychology），阿德勒所提出，心理疾病产生的原因是因为自卑情结。七、并存意识说（The Theory of the Cocon-

---

① 郭本禹主编. 中国心理学经典人物及其研究. 合肥：安徽人民出版社，2009：234.

② 萧孝嵘. 现代变态心理学说之分析及其批评. 心理半年刊，1934，1（1）：77-102.

scious），认为精神病由于各种心理系统因冲突发生分裂导致。八、目的说（The Purposivistic），以本能的趋向解释心理活动，进而阐释精神病的发生。

萧孝嵘把当时变态心理学的各种学说分成三类（即产生变态心理的三个方面）：一类注重心理的进程（行为说和复故说）；一类注重心理的组织（感觉说与并存意识说）；一类注重心理的冲动（精神分析、生活力说、个性心理说和目的说）。他认为上述学说共同的缺点在于只注意到了产生精神疾病的一个方面，而不知其他两个方面也很重要，不应偏废。①

至于不同学说各自特殊的弱点，萧孝嵘认为：一、行为学说的弱点在于否认了本能，因而否定了有机体的非条件反射的存在，这是不合理的；此外，刺激与刺激的组合公式应该修正与事实相符。二、复故说的弱点在于无法说明为何个体针对特定刺激反应而对于其他刺激并不反应。三、感觉说的弱点，萧孝嵘认为精神生活的统一与分裂并非是所谓综合力的结果。四、精神分析说的弱点，萧孝嵘总结为两点，一是过于简化，二是过于神秘化。五、生活力说的弱点，也有两点，一是无法解释冲突现象产生的原因，二是荣格没有解释目前的困难如何造成精神病。六、个性心理学的弱点，类似精神分析说，即理论过于简化。七、并存意识说和目的说的弱点，在于对于变态心理现象中的冲突作用与常态心理学中的制止作用不能充分予以解释，以及本能在人类行为中并不占有太重要的位置，所以其根

---

① 萧孝嵘：现代变态心理学说之分析及其批评.心理半年刊，1934，1（1）：77－102.

基并不牢固。①

这篇文章对当时流行的精神病学说论述极为详细,成为其编著的《变态心理学》一书中理论著述的一部分。从萧孝嵘的评论可以看出,他秉持一贯的美国哥伦比亚大学机能主义的实事求是作风,对于变态心理学理论的评介基于两条原则,一是理论本身是否自洽,二是理论是否与客观事实相符。他从心理学的角度出发,牢牢把握住产生变态心理的心理进程、心理冲动和心理组织等三个重要方面,对当时盛行的理论进行评判,但又并不以分析批评为限,而是试图寻找一个较好的能够解释心理疾病产生原因的理论,以便开展心理卫生运动,帮助人们获得健全的人格。

同一时期,萧孝嵘编著了一本大学教科书《变态心理学》。该书于民国二十三年(1934年)由南京正中书局出版。1942、1946年出沪1版,1947年出沪3版。该书的简介被收入刘凌、吴士余主编的《中国学术名著大词典·近现代卷》(刘凌、吴士余主编,汉语大词典出版社,2001)。全书约17万字,是同类中文著作中内容最为丰富的一本。

考虑到当时西方,特别是美国处在变态心理学快速发展的时期,而国内基本没有心理学工作者从事变态心理学的推介、研究和教学工作。这本著作是萧孝嵘先生于1931年从国外学成归国后出版的第一批教材及著作中的一本,在当时具有引领国

---

① 萧孝嵘:现代变态心理学说之分析及其批评.心理半年刊,1934,1(1):77—102.

内变态心理学教学和研究的重要意义和价值。这本书作为我国临床心理学、病理心理学和医学心理学最早期的重要著作，论述了当时关于变态心理学的主要理论、意义价值和历史背景，重点在于对各种异常心理想象的描述、分类和解释，进行了原因和机制的探讨，以及相应的诊断与治疗策略的梳理。通过丰富、详实、有趣的案例呈现症状表现，帮助读者理解症状背后的原因。理论与临床相结合，简明易懂。

他在书的自序中道出了自己编著此书的目的："本书之目的，在介绍最近关于变态心理学所发现之事实。至关于精神病之理论则不一而足。若欲详加分析，则每种学说可以自成一册，因此著者仅对于重要学说予以简单之分析，俾使读者得以知其端倪。且精神病之种类至为复杂，故欲一一论及，决非短时期之工作。本书所述，为其发生较多者及与心理学较有关系者。本书因正中书局促于最短时期完成，难免疏漏之处，唯每章之末附有书目，可供有志于精密研究者之参考。"[①] 从自序中可以看出，萧孝嵘的目的在于介绍变态心理学最新的事实发现，重点介绍的是发病率较多以及与心理学有关的精神疾病，对于精神病的理论则趋于简略，使读者略知梗概即以为足。而且为了方便读者，他采取每章末附上书目的方式为想要深入研究的读者提供指示线索。

这本教材围绕变态心理的原因、症状以及诊断治疗三个方面展开，介绍了变态心理学的内容、作用及其历史发展，探索

---

① 萧孝嵘. 变态心理学·自序. 重庆：正中书局，1943.

了变态心理学产生的原因、其时诊断和治疗的方法,然后具体阐述了各种变态心理的症状表现及相应诊断和治疗方法。

全书共编写有二十一章,其中前三章概述了变态心理学的意义、内容、历史背景等;第四章、第五章则阐述了他所认为的造成变态心理的原因,即机体精神病和机能精神病。从他的具体描述中可以看出,所谓机体精神病即生理原因导致的精神病,机能精神病即心理原因导致的精神病。第六章、第七章讲诊断与治疗。第八章至第二十一章则分别从感觉、知觉、记忆、思想、情绪、动作、睡眠、病菌感染、毒质影响、腺的病态、神经细胞的不足、大脑萎缩血管硬化及其他老年变化、原因不明的精神病、机能的精神病等方面论述了具体的精神病症状。

从这本书的结构来看,与今天通行的变态心理学教科书并不一致,他采取的是对变态心理在行为层面的表现进行分类的方式。值得注意的是萧孝嵘的变态心理的含义与今天也并不完全一致,如在第八章中,他把近视、远视也纳入到变态心理的讨论当中。对此他有一段解释:"折光媒介之缺点应及时矫正,否则每有严重之影响。近视与远视者每强使其视觉机械发生顺应之作用,而因此种之努力与紧张,遂有疲劳,头痛与易于激怒之现象产生。有些缺乏阅读之能力者,神经疲劳者,消化不良者,及情绪易于激动者,在经折光机械矫正以后,常能表现显著之进步,因目部为距离接受器之极重要者,故其缺点足以影响人格。"[①] 可见,他虽然把造成精神病的原因分为机体和机

---

① 萧孝嵘. 变态心理学. 重庆:正中书局,1943:134.

能的两大类，其侧重点仍在于人的机能上。以上述解释为例，造成视觉缺陷的生理原因，通过产生紧张，导致疲劳、头痛、易于激怒，甚至会影响人格的发展。可以看出，萧孝嵘不仅在于对疾病的分类和理论的解释，而是始终围绕"培养或者恢复人格之健全性"这一心理卫生的目标，也就是说，他的目的不仅是引介和研究变态心理学，而且是在"心理建设"的指导目标下，以社会现代化进展为目的，关注个体的幸福，可以看出其作为一名心理学家的人文关怀。

本书较为全面地概括了当时变态心理学的基本原则、实施方法和步骤。不仅帮助读者了解变态心理学的知识，还对变态心理的预防和治疗提供了指导和帮助。作者提出，在研究精神生理的某一部分时，应对其在各方面的关系加以考虑；矫正某一缺陷时，应先矫正最明显且最易着手的方面；治疗的目的是使患者人格完整。这一系统的治疗思想，对今天的变态心理学研究仍有着启发性和指导性。但作者在分析变态心理的原因时，着重分析了神经生理方面及心理方面的原因，忽视了社会方面的原因。根据生物—心理—社会整合模型，社会原因是造成变态心理的一个重要方面，这是本书的一个遗憾之处。然而，瑕不掩瑜，萧孝嵘已经站在了当时变态心理学的时代潮头，并把变态心理学的作用及价值归纳上升为：使人对于自身和他人有相应的了解；使人对心理变态者予以同情；使人增进常态心理学的知识；对各种专业人员，特别是与人类相关的专业人员有所进益。此种眼界和胸怀理应受我辈敬仰。

总的来说，这本书较为全面而概要地介绍了变态心理学的基本原理以及常见的变态心理症状，并提供了切实有效的防治精神疾病的预防与治疗方法。萧孝嵘认为在研究精神疾病的时候需要对心理与生理的相互关系通盘考虑，治疗的最终目的是使患者人格健全。这种预防和治疗精神疾病的思路，直到今天仍能为我们提供有益的参考。

学者普遍认为，萧孝嵘对于变态心理学的主要贡献即在于编著了这本大学用书《变态心理学》。[1] 燕国材主编的《中国心理学史资料选编》这样论述道，"在变态心理学方面，他编著了大学教科书，在同类中文著作中，内容最为丰富，与章颐年编著的《心理卫生概论》互相补充，推动了我国医学心理学的发展"。[2] 由此可窥见萧孝嵘这本书的重要地位。

变态心理学对于心理学专业的学生来说，是一门概念生僻、艰涩难懂的学科，然而萧孝嵘先生的这本教材却深入浅出，借助案例，具体直观，有趣易懂。这本出版于1934年的书，甚至引用了不少当年的参考文献，展现了当时最新的研究成果和应用成果，足见作者对于专业的严谨和赤诚之心。

经过八九十年的发展，当今的变态心理学发展与本书的第一版出版之时相比，已经有了长足的发展，从变态心理学的研究范围、对变态心理与行为的描述、分类和解释都有了很多不

---

[1] 郭本禹主编. 中国心理学经典人物及其研究. 合肥：安徽人民出版社，2009：248.
[2] 燕国材主编. 中国心理学史资料选编（第四卷）. 北京：人民教育出版社，1990：268－269.

同,但本书帮助我们看到变态心理学在中国怎样逐步发展而来,先辈们付出过怎样的努力,我们当怎样继承和发展。

  由于水平和时间有限,编辑中难免出现错漏之处,诚恳地欢迎各位同行专家以及每一位使用本书的读者批评指正。

郝浩丽

目　录

自序

第一章　变态心理学的意义与内容……1

第二章　变态心理学的价值……21

第三章　变态心理学的历史背景……34

第四章　机体精神病的原因……41

第五章　机能精神病的原因……49

第六章　诊断与检验……75

第七章　精神病的治疗……114

第八章　感觉上的症候……125

第九章　知觉上的症候……152

第十章　记忆上的症状……163

第十一章　思维上的症候……172

第十二章　情绪上的症状……184

第十三章　动作上的症状……197

第十四章　睡眠的变态……207

1

第十五章　病菌的传染……214

第十六章　毒质的影响……226

第十七章　腺的病态……233

第十八章　神经细胞的不足……241

第十九章　大脑萎缩、血管硬化及其他老年的变化……246

第二十章　原因不明的精神病①……251

第二十一章　机能的精神病……273

---

① 特编注：原文为"原因暧昧之精神病"。

自 序

本书的目的是介绍最近关于变态心理学所发现的事实，这对于精神病的理论则不一而足。如果想要详加分析，则每一种学说可以自成一册，因此著者仅对于重要学说进行简单分析，使读者得以知其端倪。而且精神病的种类极为复杂，所以想要一一论述，绝非短时期的工作。本书所述及的是发生种类较多的，以及与心理学关系较为密切的。

本书因正中书局敦促在最短时间内完成，难免有疏漏之处，在每章的章末附有书目，可供有志于深入研究者进行参考。

萧孝嵘
国立中央大学心理学系
二十三年五月[1]

---

[1] 特编注：民国二十三年五月，即1934年5月。

第一章　变态心理学的意义与内容

常态与变态的区别

变态（Abnormal）的意义依据常态（Normal）的意义而定。如果我们想判定在某种情形之下某种反应是否变态，则需要首先知道在这种情形之下，究竟何种反应是常态，否则变态的意义就不能确定。我们平时在评判一个人或一件事的常态性时，是以我们所认为应该有的为标准。那就是说，在我们的思想体系中，常态的意义几乎与应有的意义相等。然而后者又以个人的观点为依据。常态一词，因此就没有一致的意义。

常态的判定有三种普通的标准：一是主观经验的标准，二是正态分布①的标准，三是有无症状的标准。第一种标准因人而异，主观性越多，差异度越大。第二种标准的应用是使特殊个体与群体的标准相比较，凡与这种标准相差的分值，可代表此

---

① 特编注：此处原著提法为"常态分配"。

人变态的程度。第三种标准则以某些心身现象的有无为常态与变态的区别。

第一种判定常态性的方法

某人对他的妻子说:"除你我二人以外,人人都是古怪的,而且有的时候你也有一点古怪。"这几句话可以表明一种普遍的趋向,就是以自我为常态标准的趋向。因此凡是一切与自我不同的品质,都视为变态。例如,常态的睡眠时间这一问题,有人因为已经养成每夜睡眠五小时的习惯,坚持常态睡眠的时间是五小时,而需要九或十小时睡眠的人则以这种睡眠时间为天然的需要。古人云男女授受不亲,而现在的人则以握手为礼。以往视为变态的人,今日视为常态,这种事实不胜枚举。

上面所举的事例表明,一般人所谓的常态不过是以其个人的意见和其团体的主观态度为依据。此外,还有一种确定常态性的方法,虽然稍有差别,但仍然是主观的,就是以适应社会的程度为依据。按照这种标准,众人所喜好的称为常态,而众人所厌恶的就称为变态。在有些事件中,这种方法虽然有助于常态性的确定,然而也具有危险性。例如中世纪的科学家被众人所痛恨,以至于不保其身。总之,根据这种观点,凡是殉身于科学、政治或宗教的人,都应被视为变态。

第二种判定常态性的方法

有许多所谓精神病的症状,在常态人中也多少有所表现,不过是在变态的人中特别增强了而已。就属于这类的品质与趋向而言,大多数人所具有的是近于平均的分量,但有少数人所具有的分量特别少,也有少数人所具有的分量特别多。具有特少分量的人，与具有特多分量的人，数目大约相等。在此二者中间的人占大多数，这就是所谓"常态"所在的地方；而处于两个极端的，则为变态。但变态是一个相对的名词，其程度视其与平均相差的分量而定。因此我们可以区别稍有变态的人、变态较严重的人和极其变态的人。这种常态与变态的区别可以在下图看到。

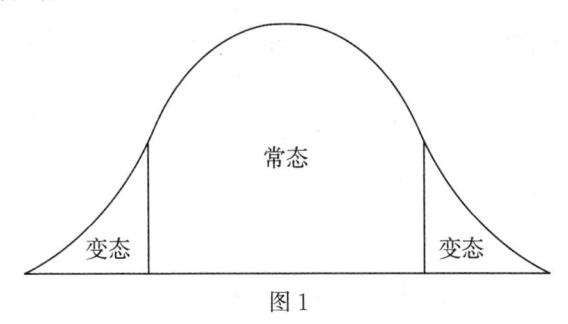

图1

我们现在可以讨论几种品质或情形来表明这种常态性依据的应用，在此以新陈代谢率为例。所谓基本的新陈代谢作用（basal metabolism），用其与基本或平均零点相差的正量或负量来表示。大多数人的新陈代谢率和零点很接近，相差较远的人仅占少数。在＋10以上，或在－10以下的差异均为变态。

在心理品质的范畴中，智力是一个很好的例子。常态的智力常以智商100表示。某人的智商若在100以下，而且有30分的差别，则此人属于低能一类。这种差异在一百人中大约可以发现一例。在另一方向，有与此相等的差异者，则有天才或近于天才之称，他们与常态之间的差异正好和低能相等，不过方向不同而已。这一方向的差异，一般不称为变态，这是因为其对社会无害。

又比如内倾和外倾两种品质，也可以用这种正态分布的现象来说明。这两种品质是一切正常人都具有的，但是在某些人中，内倾的品质较具优势，而在其他人中，则外倾的品质较有优势。此外还有少数人仅有内倾的品质，而无外倾的品质；或仅有外倾的品质，而无内倾的品质，这两类才是变态。

第三种判定常态性的方法

在精神病中有一些现象不能用正态分布曲线的观点看待，因为这些现象只发生在变态的人中，正常人是没有的。例如全身瘫痪（Paresis）或者物质成瘾症①，就不是人人都有。在这些事件中，我们必须确定病症的原因是否存在。患有瘫痪的人大脑原来是正常的，但因为感染了梅毒，则成了变态。物质成瘾症和脑瘤无论其程度如何，都属于变态。这种确定常态性的方法，是以有无病因为依据。

我们在上面已经表明主观标准的不可靠性。主观的意见或许可以指示出普通的变态现象，但在可以应用客观的方法时，这种主观的依据应当摈弃。同时我们必须尽力建立各种品质的常态性的客观标准，并且发现和改良各种病因的检验方法。对于品质适合正态分布曲线的人，我们可以举行大规模的测验，以建立可靠的标准。例如美国士兵的平均高度是 68 英寸②，我们若想知道某人的身高是否为常态，那么我们所用的程序就是用这个人的高度与此标准相比较。这种标准不仅指出某人是否有常态的身高，而且可以表明其高度与常态相比的程度。最后

---

① 特编注：此处原著提法为"毒药癖"。
② 特编注：约为 1.73 米。

一点就是说，我们也能知道他的身高与标准相差多少。

至于第三种判定常态性的依据应有病因的检验方法。现在我们对于精神病已有适宜的检验方法。例如瘫痪病通过脊液（spinal fluid）的检验。可以观察到神经系统中有无梅毒的传染。脑病则可以通过X光线来检验。但有许多病因尚无检验的方法，这是我们应该努力的地方。

健康的诊断

我们现在可将上述的原则应用于身心常态性的研究。

一、身体的常态性

我们如果要研究常态的精神生活，则必须首先研究常态的身体生活，一般观察的结果都可以表明精神的健康是由身体的健康而定的。身体如果功能正常，则精神的健康也随之而产生。身体健康的人对于人生常持乐观态度；而身体衰弱的人则容易悲观。这种事实恐怕不是偶然的。不过各种疾病的进程对于心理态度的影响有各种不同的程度，例如伤寒发热能减低心理作用的速度，而使患者麻木。至于肺痨，则对心理效率仅有着极其微小的影响。

身体的状况本来必须经过检查之后才可以确定，但是有时我们必须借助于健康的普通符号。爱默森[①]（Dr. Wm. R. PEmerson）曾经列举了一些表示健康的现象，在此记录如下：

---

① 特编注：原译为"埃梦孙"。

身体舒适的现象	身体不适的现象
眼睛澄清，颜色光明	眼睛呆滞麻木，颜色恶劣
面容表情愉悦	面容表情抑郁，眼睛下有纹
头发光滑	头发粗且干枯
口部紧闭	口部张开
牙齿整齐	牙齿残缺
皮肤纯洁且紧致	皮肤不洁且松弛
肌肉强健	肌肉柔软
姿势正常，表现能力与耐性	姿态疲劳，表现衰弱的现象
步行轻便且有生气	步行迟缓
足部呈正常拱形	足部平伏
体重与身高恰好相符合	过胖或过瘦
喜欢外出游玩	不喜欢外出游玩
反应常态，心身稳固	反应过度或不及，心身均不稳固
乐观，喜欢玩游戏	总是不满意，难以产生兴趣
容貌健康而且年轻力壮	容貌不健康而且衰老

此外神经学家在诊断精神病时，经常通过应用各种测验来确定某些反应的形式。例如各种反射的检验，新陈代谢作用的检验和血压的测验。我们对这种种测验，还有应当加以研究的地方。这就是数量标准的建立及年龄、性别、环境等等对于标准的影响。

下面所描述的几个例子可以表明这种研究的重要性。我们做身体检查时，有时发现某人的瞳孔①张大，有时发现他反应迟缓。但是我们不知道所谓常态的瞳孔是什么样子，瞳孔需要张大至什么程度才能被视为变态。我们也不知道常态瞳孔的反应速度这一未知数。膝跳（knee jerk）有所谓的过度活跃（hyperactive）或过于迟缓（sluggish）之称，但是至今也没有客观名词表明常态膝跳的程度。这些标准在神经学中都有建立的必要。

在某些事件中，已经有了比较令人满意的标准，不过这些标准仍需改善。改善的方法有两种：一为除去其中含有的变量，二为建立许多标准而不控制变量。例如正常人的平均心跳为每分钟72次，但是我们需要知道，六岁儿童的常态心跳速率在六十八岁的老人看来就是变态。就六周大的儿童而言，常态的脉搏为每分钟120次，而七十岁人的常态脉搏则为每分钟60次。如果我们于每个年龄中求出一个常模的速率，则心跳的标准才有价值。我们如果根据同一年龄的被试来建立一种标准，则年龄的变量就可以控制。

如果有一种品质的分量，经常与年龄成正比或反比，我们就可以发现一种基本的标准，在求每个年龄的标准时加以增减。曾有一种尝试与这个想法相符合，但其结果并不可靠，这就是以100为血压在出生时的常模，每长一岁则加一分。根据这种方法，二十五岁人的常态血压应该为125，而五十岁人的常态血压为150。事实上，这两个数值都过于高了。

建立常模或标准时可能遇到的困难尚未论及，有时需要矫

---

① 特编注：此处原著提法为"瞳人"。

正的变量为数很多。在此以新陈代谢作用为例,在制定这个标准时,我们应当顾及性别、年龄、身高、体重、温度、气压等。在各种变量都经过考虑之后,如果某人的新陈代谢作用与标准的差异不超过+10或-10,则这种情形仍然属于常态范围以内。

最后,我们应该注意的地方是:一种现象或一种作用,如果与所建立的标准稍有出入,仍可视为常态;只有存在显著性差异,才能视为变态。

二、心理的常态性

心理的状态,不仅和心理的健康具有密切的关系,而且对身体的健康也有相当的影响,心理治疗术的效果就是以这种影响为根据的。库埃①(Couè)的学说与所谓的"基督科学"(Christian Science)信仰的力量都可以证实这一点。所以我们在研究精神病时,对于心理的常态性也需要加以考虑。

心理的常态性,可以从三个方面观察:一为智力,二为情绪,三为人格。

(一)常态的智力

直到20世纪初叶,心理学家才开始建立心智这一品质的标准。法国心理学家比纳②(Binet),德国心理学家斯特恩③(Stern),美国心理学家桑代克④(Thorndike)和推孟⑤(Terman)等人,都致力于智力测验的编制。我们现在根据标准智力

---

① 特编注:原译为"古爱"。
② 特编注:原译为"皮奈"。
③ 特编注:原译为"石登"。
④ 特编注:原译为"桑戴克"。
⑤ 特编注:原译为"特孟"。

测验的结果，不仅可以诊断某人是否常态，而且可以发现他变态的程度。也就是说，我们能够确认他在智力上较低于常人若干年，或较高若干年。这些测验可以用来发现某个人的智力与一般人的平均智力相差的程度。

（二）常态的情绪

智力测验虽有一定程度的进步，但在情绪方面尚无可靠的标准。例如多数人患有某些恐惧，但是我们不知道一个人应该有多少恐惧，或应该有何种程度的恐惧，才能被视为变态。这种标准的建立，是精神病学中一个迫切的问题。

（三）常态的人格

常态人格这一名词一直没有固定的意义。根据罗莎诺夫（Rosanoff）的定义，一个常态人的特质，为控制行为，情绪约束，心智能力的持久，有理性的均衡和神经的稳定。在某种范围内，这一切的品质都是优良的品质，但是心理学家尚未发现测量各种品质的客观方法，并且几乎每种品质，都可在患有极其危险的精神病的人身上发现。例如患妄想症[①]（Paranoia）的人，大半在其行为上表现控制作用和约束情绪的能力，其心智能力也没有衰退的现象。患者也不会失去意识，或出现昏倒，痉挛和此类状况，这种事实可以表明其神经的稳固。同时我们由此例也可以看到数量的标准在确定常态人格时的重要性。

变态心理学的观点

变态心理学的观点大致可以分为两种：一种是机体的观点

---

① 特编注：原译为"妄想狂"。

(Organic View），另一种是机能的观点（Functional View）。根据第一种观点，机体的组织是唯一重要的事实，我们必须先了解组织，之后才能了解作用，所谓"脑位说"（Brain Spot Hypothesis）即以此为注重点而产生。根据这个学说，一切心理上变态的人都由神经中一定的损伤所致。我们如果要了解精神变态的现象，则有必要确定神经损伤的位置。任何行为的研究必须以脑神经中的变态为根据。如果我们不能确定脑部的损伤，就去解释一种特殊的症状，则其原因会受到知识的限制。这种限制，完全和"脑位说"本身无关。相信这种学说的人，认为机能的理论只不过是表示对解剖知识的缺乏而已。

根据机能的观点，我们所应该研究的是神经系统的机能。持有这种观点的人，并不否认在神经系统因病而有损伤时，其机能必会受到影响，不过他们特别注重下述观点：一种复杂机械的各部分，其本身虽然无损害，但也可能因为各部分不相互适应，最终造成破坏的结果。这就是所谓"心理扭曲说"①（The Mental Twist Hypothesis）。例如在驾驶汽车时如果没有用对方法，而使汽车一部分和其他部分不相适应，则机器自身会因此而受损伤。在这个例子中，机器的损伤，实际上是由适应不良所导致的。这就是主张机能观点的人所应用的逻辑。

这种思想上的困难，实际上和哲学上的二元论有关系。根据二元论，心身二者为两种独立之物，如果我们赞同这种学说，则心身二者如何产生关系，而且哪一个较强，就成了不可解决

---

① 特编注：此处原著提法为"心捩观"。

的问题。从科学的观点看来，心身二者的关系几乎与机械及其机能的关系相同。一方面，我们当然不能说心理能脱离神经系统而独立存在；然而另一方面，我们也不能说精神变态的唯一原因就是神经网络自身的损伤，而其功能与神经系统的变态全无关系。这两种见解都是纯粹的幻想，心身二者不可分离，几乎如同形影一般。神经系统的损伤可以导致精神病，然而其机能的影响，也不能说与精神病无关。所谓机能的影响，自然是指生理上的影响。如果一切心理作用有其生理上的进程，而同时否认心理作用是精神病的一个主要原因，如莫斯①（Moss）与亨特②（Hunt）所说，这种论调有顾此失彼的隐患。因此我们在研究精神病时，不可只重视神经的组织，而忽视其机能；也不可只重视神经的机能，而忽视其组织。这二者的轻重则因精神病的性质而不同。

但是我们仍以心理学为出发点，所以根据这种观点，机能方面的事实应当特别注重。同时其他方面的事情也应该加以叙述，使得我们得知各种精神疾病在性质上的差别。

变态心理学研究的步骤

变态心理学研究的步骤，当然必须尽量要求科学化。其主要的过程如下：

---

① 特编注：原译为"麻士"。
② 特编注：原译为"汉特"。

一、资料的搜集

研究变态心理学的人，应当观察人在各种情境中的行动，并且必须知道人的语言行为和他平日生活的关系。我们由这种研究可以得到所谓"常模"（Norm）。这里的"常模"就是指一般人的思想与行为。

二、资料的分类

下一个步骤，则为研究某些人如何异于常人。我们所研究的品质不仅需要性质上的分类，而且需要有数量上的区别。例如常人也有荒诞的观念，不过他们对于这些观念不如变态的人拘泥固执。常人的判断也有错误，但是他们的错误和变态的人的错误只有程度上的差别。

三、资料的估值

心理学家在评定资料的价值时，仅考虑其在科学上的关系。例如某人有放火的倾向，心理学家的职务只是求其原因，以及推想其对于行为的影响，而对于道德方面的意义则不涉及。

四、假设[①]的形成

在所搜集的资料经过分析以后，我们必须建立假设。所谓假设就是关于某种特殊事件的暂时的解释。

---

① 特编注：此处原著提法为"臆说"。

五、实验的证实

假说的正确性尚待实验去验证。实验的程序则因所研究的问题而异，所用的被试也因此而不同：有时为动物，有时为儿童，有时为病人，这由问题的性质与研究的可能性而定。

变态心理学实验的种类

一、儿童的实验

儿童时期是人格养成的时期。在此时期中，对于儿童的观察是一种自然的实验方法。凡关心近年儿童教育研究发展的人，无不认识到这种研究的重要性。今日已有许多所谓行为诊疗所①（Behavior Clinics）成立，其作用是治疗刚刚具有变态品质的儿童。这种诊疗所的组织不一：有附属于大学的，有附属于公学的，有附属于儿童法庭（Juvenile Courts）的，也有单独创办的。其中建设较为完善的，对于就诊的儿童实施各种智力及人格测验，研究他们的家庭与社会背景，而且检查他们有无病症或身体上的缺陷。总之，这种诊疗所对于每一个儿童，在各方面都会进行种种精密的检查，使得他们异常的地方得以确定，然后实施再教育（reeducation）的方法。此外也有学龄前儿童研究所，他们所采取的方法是把儿童置于设定的情境中，然后观察他们的反应。我们可以根据这种实验的结果，来确定各种

---

① 特编注：此处原著提法为"诊治所"。

变态行为发展学说的正确性。

二、动物的实验

有些实验有害于身心的健康,所以我们不能用儿童作为被试。在这种情形中,我们必须用动物作为研究对象。例如麻醉剂对于行为的影响这一问题,最近由美国公共卫生部(the United States Public Health Service)[1]加以研究。这项研究中所用的特殊药材为吗啡(morphine),海洛因[2](heroin)与可待因[3](codeine)。其主要的问题在于比较这三种有机盐基对于实验动物的影响,确定这些动物所能形成的容受性,以及研究动物是否因用药时间过久,就不得不借此来维持某些身体功能的均衡。研究者用猿为被试,因为猿的行为相较其他动物(如犬)与人更为相近。这项研究的结果能够表明各种药材所产生的现象和它们有害的程度,而且解除药物依赖对于行为的影响也可以据此而确定。这是动物实验的一个好例子。不过我们把这种研究结果应用于人类的问题时,必须对于动物和人类两种情境的区别加以周详的考虑,以避免错误的结论。

三、病人的治疗

病人的治疗也含有实验的性质。疾病的治疗以病因的理论

---

[1] Kolb, Lawrence &DuMez, A. G. Experimental Addiction of Animals to Opiates. U. S. Government Printing Office, Reprint No. 1463.
[2] 特编注:原译为"海洛音"。
[3] 特编注:原译为"古提音"。

为根据。我们所采取的假说如果与事实相符,则所用的治疗方法应有理论上所预期的结果。这种治疗的影响如果有一定的控制,则假设的正确性可以确定。不过此处尚有困难在于:使用治疗方法的人多为医生,而医生对于他所信任的治疗方法往往有着过度的热情,因此他治疗的结果难以有真实的报告。为增加结论的可靠性,治疗的方法应实施于严格控制的情景中,而且其结果应有客观的解释。最后一句话的重要性可于下述的例子中看到:

在医药历史的某个时期中有一种信仰,即人如果被刀所伤,则医治刀口可以疗伤。如果我们试用这种方法,其结果似乎可以证实这个说法。但其实刀口治与不治,与伤痕的治疗并无关系。不治刀口,伤痕也可自然痊愈。这就可以表明我们所谓控制情形的意义。例如我们如果在五十个刀伤的案例中,用油施于刀口;而在其他五十个同样的案例中则不这么做,在这两个情形中痊愈的人数大约相等,所以这种治疗的方法并无效力。如果没有这种控制的实验,则虽然治愈了一百人,但是治刀口可以治伤的结论也不能成立。这是一切实验中的一个重要原则。

四、生物学的实验

如果我们对于变态现象有充分的知识,则我们可以进一步研究遗传与环境两种因素和精神病的关系。在过去的时期中,这种研究尚无满意的结果,这是由于变态心理学的现象尚未被加以充分的分析。

变态心理学中所研究的现象

变态心理学是对于变态者的行为的科学研究。所谓变态者，不必在一切事情上都有同等变态的程度。我们所应研究的问题就是确定其变态程度最高的品质。这种品质上的变态，可以称为症状（symptoms）。

症状是一种符号。我们所应注意的地方并非这个符号，而是其所指示的事实。譬如你在某处迷路，你当然要寻找一个路标。当你找着路标时，你不会测量它的面积，或注意它的颜色与位置。你所注意的事仅为此路标所能提供的知识。

精神病的路标（症状）的困难，是它所指示的方向不能以通俗语言表示。这种路标需要解释，但是我们在作解释时，倘若斤斤计较于无关紧要的细小事项，则也于事无补。所以我们在研究症状时，应当发现其主要的性质与其重要的关系。患者的各种症状如果都指向同一疾病，则可以建立比较可靠的假设，不过当下关于精神病的指向尚不成熟，所以当遇到相当的事实，时常有修正的可能。

精神病的症状往往是患者欺骗他人或欺骗自己的方法，所以难于解释。在许多属于组织的疾病中，一种症状的原因可由研究各种症状可能的关系而发现。但在研究精神病的症状时，我们应有另一方面的考虑。这就是下面的问题："这种症状究竟是掩饰何种事实的工具？"换句话说，许多精神病的症状是所谓

"防御反应"①（defense reactions）的现象。

例如有一名患者到诊疗所，讲述他腹部有剧烈的疼痛。他深信腹中有瘤且他将在六周内会死。医生应采用的步骤当然是确定这种疼痛的原因。倘若患者在经过检查以后并无此病，且无其他组织的情形可以解释这种疼痛，则医生所下的结论不过是"此种疼痛是由想象而生"。这是诊断中的普通逻辑。但是倘若患者虽经过诊断无病，而仍坚持腹中有瘤，则医生只不过把他看做是一个有精神病的人而已。

但是我们必须考虑下面各种问题："这种症状是掩饰何种事实的工具？他为什么要采取这种防御机制②（defense mechanism）？""患者如何使用这种症状为防御的工具？"我们必须根据这些问题的立场来探究此病的原因，然后其线索才能可见。在此仍以上述的患者为例，此人有一位友人患有一种性的癖好，患者也有这种癖好，他的友人曾患腹瘤于六周后死去，患者以为腹瘤是这种性癖好的结果，常怀疑自己不能幸免。患者所以为的腹瘤就是这种困难的符号，所以此人所患并非腹瘤而是性癖好。

我们在研究症状时，应当注意下列各种行为的现象：

（一）明显的符号

明显的符号是纯粹客观的症状，这类症状是人人都可以观察到的。如果有患者终日呻吟或大声哭叫，则任何人都知道他很悲伤；患者如果终日欢呼，自言自语，手舞足蹈无法停止，

---

① 特编注：此处原著提法为"自护反应"。
② 特编注：此处原著提法为"自护机械"。

则任何人都知道他活动的过度。所有这些都是明显的症状。

（二）具有解释价值的符号

具有解释价值的符号，在客观性上或许与明显的符号相等，不过前者常指示一种特殊的基本原因，因此具有一种可能的意义。在此类符号中，有常人所不能观察到的，有常人所能观察到却不知道是变态的。上面所述腹瘤的例子即属于第二种。

（三）具有数量价值的符号

第三类是可以测量的症状，智力为此类症状的一种。例如一个儿童说："我是一个男孩。"常人听见这句话并不觉得有多少的意义，但是心理学家因此知道这个儿童的智力也许至少相当于三岁的儿童。倘若一个儿童能够背出六位的数目，则在心理学家的眼中，他已经通过一个十岁的常态儿童所能通过的测验。据常人看来，上述两个例子不过是一种应答，而心理学家则知道其在数量上的意义。

今日心理学家对于精神病学最伟大的贡献就是此类符号的量表的发展。精神病学家（psychiatrist）经常不能应用数量的术语来代替性质的描写，因此常感到困难，所以这是应该加以努力的地方。幸运的是，今天的心理学家在智力测验方面颇有成就，并且人格品质的测验也渐有进展。

总　结

我们在本章中首先讨论了常态与变态的区别。现在应用的常态标准有三个：一是主观的标准，二是统计的标准，三是有无的标准。主观的标准最不可靠，第二与第三两种标准的应用则视问题的性质而定。不过有许多方面尚无可靠的标准，这则有待于我们的努力。

其次论及变态心理学的观点。研究精神病者对于机体与机能两方面的事实不可有所偏废，否则必有许多问题最终不能得到解决。不过本书既然以心理学为研究的出发点，因此机能方面的事实应当特别重视。

至于研究的步骤，我们应寻找其中合乎严格科学的原则。研究中的被试有时为儿童，有时为动物，有时为病人。这会因问题的性质而有差异。变态心理学中所研究的现象可以称为症状。所谓症状即某种事实的符号。符号的种类有三种：一为明显的符号，二为具有解释价值的符号，三为具有数量价值的符号。这三种符号都是研究精神病时所应注意的，不过其重要性则视疾病的性质而有不同。

参考文献

Abbot, E. S., & Others. (1933). The Relation between Psychiatry and Psychology (A Symposium.) *Psychol. Exch.*, 2, 56—64.

Bumke, O. (1932). Handbuch der Geisteskrankhciten. *Berlin: Springer.*

Dorcus, R. M., & Shaffer, G. W. (1925). Psychopathology. *Williams & Wilkins.*

Dorcus, R. M., & Shaffer, G. W. (1934). Textbook of Abnormal Psychology. *Williams & Wilkins.*

Freeman, W. (1933). Neuropathology: The Anatomical Foundation of Nervous Disease. *Saunders*.

Morgan, J. J. B. (1928). The Psychology of Abnormal People, 1928. *Longmans, Green & Co*.

Moss, F. A., & Hunt, T. (1932). Foundations of Abnormal Psychology. *Prentice-Hall*.

Taylor, W. S. (1927). Readings in Abnormal Psychology and Mental Hygiene. *Appleton*.

Weil, A. (1933). A Textbook of Neuropathology. *Philadelphia: Lea & Febiger*.

第二章 变态心理学的价值

根据美国 1927 年的统计，初次进入医院的精神病患者有 56288 人。其中各种疾病的比例列在下表中：

表一 初次入院者在各种精神病上的分配比例

（根据一般每十万人中的比率）

总　　数	47.4
有精神病的总数	45.2
创伤（Traumatic）	0.2
老年（Senile）	4.7
大脑腺管僵化者（With cerebral arterioselerosis）	4.1
全身瘫痪（General paralysis）	4.2
有大脑梅毒的人（With cerebral syphilis）	0.7
有冯氏舞蹈症的（With Huntington's chorea）	0.1
有脑瘤的人（With brain tumor）	<0.1
其他脑病或神经病（Other brain or nervous diseases）	0.6
酒精中毒者（Alcoholic）	2.2

21

续表

总　数	47.4
因药物或体外毒质而生病的（Due to drugs and other exogenous toxins）	0.3
有玉蜀黍疹的人（With pellagra）	0.7
有其他身体上的疾病的人（With other somatic diseases）	1.4
躁郁（Manic depressive）	6.6
退化抑郁（Involution melancholia）	0.9
早发性痴呆（Dementia praecox）	10.5
妄想狂（Paranoia or paranoid conditions）	0.8
癫痫精神病（Epileptic psychoses）	1.3
精神神经病与神经病（Psychoneuroses and neuroses）	0.9
有精神病态人格者（With psychopathic personality）	0.6
有心理缺陷者（With mental deficiency）	1.7
未确诊的精神病（Undiagnosed psychoses）	1.5
未报告的精神病（Psychoses not reported）	1.1
无精神病者的总数	2.3
有癫痫病而没有精神病的	0.1
有酒精成瘾而没有精神病的	0.5
有物质成瘾而没有精神病的	0.3
有精神病态人格而没有精神病的	0.1
有心理缺陷而没有精神病的	0.5
有其他疾病而没有精神病的	0.8

上表所示可以表明对各种精神病进行比较的重要性，及其所产生原因的种种情形。同时此表也可以大概指出精神病的蔓延，但是我们不能根据这种统计来确定精神病患者的多少。有许多患精神病的人从来没有去过医院，所以医院里的统计只能代表患病比较严重的人。并且上表是仅限于省立医院的统计，而不是来自所有精神病院的统计。

患有精神病而未经确认的，数量非常多。这个事实在世界大战时检查所招募的新兵中可以观察得到。军医总监处所发表的报告表示，在第一次一百万的新兵中，有12％因为有精神病或神经症（mental or nervous disorders）而不能合格。直到1919年2月1日，所有不合格的军人为数很多，而就其种种原因的重要性而言，精神病和神经病位居第四。各病的分类如下：精神病（psychosis），11％；神经症（neuroses），15％；癫痫，9％；机体神经病或伤损（organic nervous diseases or injuries），18％；心理缺陷，32％；原发精神病态①（constitutional psychopathic states），9％；各类病症的总数有67417人。

精兵局的经验体现了同样的问题。例如精兵局有一部分研究曾经报告在有问题的军人中，约有三分之一患有精神病或神经症。从这些统计结果看来，精神病事实上是军队中重要的问题之一。世界大战时所征的士兵可以代表普通民众，所以这种现象足以表示精神病在社会中的严重性。

根据上述事实，在普通民众中患有精神病的人既然如此之

---

① 特编注：原文为"本质精神病态"。

多,而且变态心理学又是研究精神病的一种科学,它的重要性自然不难显现。我们为了以寻求事实的明白清晰为目的,可以在两个方面表明变态心理学的重要性:一是变态心理学对于社会的价值,二是变态心理学对于个人的价值。

一、变态心理学对于社会的价值

在社会中与精神病问题有关的事不一而足。我们在下面可以举一些例子来表明这种问题的重要性:

(一)家庭

在家庭中,精神病的影响危害很大,而处置的方法也要特别慎重。撇开精神病的遗传问题不说,患者如果和他的家人一起生活,那么其家人的行为一定会受到显著的影响。因此这种家庭一定不是处于常态的环境。患病比较轻的人也会影响其一起居住者的性情和态度。家中如果有一个人患有严重的精神病,那么看护者经常处于紧张的状态中。其结果或是也一起患上精神病,或是丧失适应社会的能力。有许多患神经症的儿童就是与他们患有精神病的父母一起居住。这种事实似乎表明,家庭环境至少是产生精神病的一种原因。至于精神病的社会的影响,马岳(Dr. Wm. J. Mayo)曾经提到,他认为神经衰弱(neurasthenia),心理衰弱(psychasthenia),癔症[①](hysteria)以及与其类似的神经症,对于人类所产生的痛苦,和痨病比起来更加严重。

---

① 特编注:原文为"害思病"。

（二）犯罪

前人认为精神病与犯罪有着极为密切的关系。近来对于狱犯的心理状况已经有统计分析。根据这个研究的结果，这两者的关系有可能并不是那么密切。并且智力较低的罪犯比智力较高的罪犯更容易被捕，所以对于狱犯的统计更加不足以作为依据。不过多次被捕的罪犯大多是智力低下的，或者是有神经症的倾向的，所以我们至少可以说，犯罪和精神病具有一定的关系。因此我们对于罪犯实在是有彻底研究的必要。

下列各种精神病是与犯罪最密切相关的：癫痫、妄想狂、全身瘫痪、早发性痴呆①、老衰病、冲动的思想、围困病及精神病态人格。和变态者的心理状况相似，也是犯罪的一种原因，因为其抵抗力薄弱，于是容易被情绪的刺激所影响。心理变态和犯罪的关系可以从下面的表二见到。表三是来自于黑勒（Healy）和勃朗纳（Bronner），它可以表明心理困难在犯罪儿童中的百分数。这个表记载的是芝加哥和波士顿四项研究的结果。被研究者有四千人。

（三）实业

精神病对于实业效率的影响逐渐引起注意。有些比较进步的实业机关聘请有精神病治疗学家，来参与雇人问题的研究。这些专家所研究的问题属于以下各种：有些工人因为心理的缺陷或者情绪的变态而容易失业；有些工人有妄想狂的倾向，他们认为自己常常受到不公平的待遇；有些工人则以因有感觉上

---

① 特编注：原文为"早衰病"。

或其他身体上的缺陷而不能适应工作,又有所谓"补偿"(compensation)精神病,患者假装生病而使得公司需要付他养病金。

一种解决实业效率的方法是研究各种实业阶级感受精神病的可能性。根据纽约省立医院104013人的分析,我们得到下面的结果:

表二 各种罪犯在各种精神病患者(646人)中的分配
(根据罪犯总数的百分数)

罪名	老衰	全体瘫痪	酩酊	狂郁	早衰	原发精神病态	有心理缺陷者
杀人		2.9	17.6	2.9	32.4	14.7	17.6
攻击		3.8	24.1	7.6	25.3	17.7	6.2
穿窬①		13.2		7.9	39.5	23.7	5.3
盗窃	1.3	22.8	5.1	6.3	24.1	15.2	7.6
公开醉酒	2.9	2.9	70.5		5.9	5.9	
不守规则	2.4	13.4	17.1	12.2	17.1	17.1	7.3
漂泊或卖淫	8.5	15.4	13.8	4.3	35.1	6.9	7.4
一切罪犯	3.6	11.5	16.9	7.3	25.5	14.7	7.4

---

① 特编注:穿窬是指翻墙头或钻墙洞的盗窃行为。

表三　精神病患者在犯罪儿童中的百分数

	芝加哥		波士顿	
	Ⅰ	Ⅱ	Ⅰ	Ⅱ
心理常态者	69.5	75.0	73.8	72.0
低能者	13.5	12.5	13.0	16.2
常态以下者	10.1	8.2	10.6	7.7
有精神病者	6.9	4.3	1.0	1.1
有精神病态人格者			2.6	3.0
总数	100	100	100	100

Glueck, S. S. Mental Disorders and the Criminal Law, 19—5, P. 326. *Little Brown S. Company. Constitutional Psychopathic inferior.*

From Healy, Wm. & Bronner, F. (1926). Delinquents and Criminals: Their Making and Unmaking, 273. *Macmillan.*

表四　各种实业阶层对于精神病的感受性

专业	1.8	商界（销售人员等等）	1.09
商界（银行家等等）	7.2	需要坐着的工作	4.1
务农	5.7	铁匠、船工等等	0.56
机器匠（户外）	8.2	娼妓	0.08
机器匠（需坐者）	7.2	苦工	12.4
家庭服务	20.2	无职业	7.5
教育及较高的家庭职务	21.0	未确定	2.6

以上的统计仅仅只有指示的价值，因为每种阶层的人数不同。

亨特·埃尔金德医生（Dr. Henry B. Elkind）是麻省心理卫生会的医学主任，曾经报告过一些关于精神病在两种工业中的重要性的事实：一个是波士顿的一个规模宏大的百货公司，另一是一家大规模的公益公司。他对这个百货公司在六个月内所有的患病者加以分析。研究的结果发现，在四千个雇员中有405人患有神经病的症候。这就表示患者约是全部雇员的10%。单单就这个原因而言，所丧失的工作时间就有1546天。这个数目在雇员因为生病而失去的总时间中占有9.2%。

至于公益公司的情形，研究者有一篇关于五年内在这个公司雇员中发生的机能精神病的报告。统计的结果列于下表中：

表五　每种职业的每百人中所发生精神病的比例

职业	每种职业每百人中的比例（单位:%）
速记员（大半是女性）	16
书记员	10
米突测验者	10
消防队员	7
电话司职员（大多是女性）	4
一切职业	6

在这五年内患机能精神病者有731人，并且因此失去了6882天的工作时间。每一位患者每年所失去的工作的平均日数为9.4。机能精神病似乎在这个公司中是所有病假的一种重要原

因；就人数而言是第四，就工资而言是第五。

这个公司在五年内所付养病金的总数是 13987240 美元。其中有 1992320 美元属于患有机能精神病的人。这项数目大于患风湿骨痛（rheumatism）、关节炎（arthritis）、痛风症（gout）和普通伤风症者合计的养病金。在患有机能精神病的人中，每个人所花费的平均数为 2720 美元，这是一切病中的最高值。为便于比较，在患普通伤风症的人中，每个人平均的花费不到一元。

在工人的精神病问题的研究中，安德森（Dr. V. V. Anderson）在纽约的一个百货公司（The R. H. Macy and Company Department Store）中所做的实验是最具有系统性的。他的工作是研究工人的身体特质、心理特质及人格特质，而予以指导或处置。他曾经挑选出最优良和最劣等的销售人员各 50 人，把他们加以比较。因此，他发现这两组在精神健康上的差别。这一比较的结果列在下表中：

表六　工作优劣两组在精神健康上的差别

精神病的分类	最优	最劣
近似低能	1	0
神经梅毒	0	1
精神病态人格	0	13
轻微抑郁	1	0
精神神经病	5	4
老衰	0	4

续表

精神病的分类	最优	最劣
人格与心智均有缺陷	0	14
疲劳	1	3
未分类的人格变态	3	8
无变态现象	33	3
总	50	50

精神不健康者在最劣等的销售人员中占有94%，而在最优良者中只有22%。

（四）教育

学校也是研究精神变态现象的一个重要机关。每个学校必有一部分学生，或是因为先天的缺陷，或是因为后天的影响，而不能和其他同学在教学上有同样的进步。在学生中，精神变态的现象不一而足：由于主要的精神病导致下列的现象，比如难以驯服的倾向，极端的淡漠状态，喜好恶作剧的习惯等等都有。较为严重的精神病有时也发生在学生中，如癫痫、癔症、早衰病与盗窃狂。较轻的则包括一切神经病的倾向在内。

在大学中，主要的精神病也常常发生，尤其是以较轻的病症为多。有些大学特别设立一个精神卫生部门来处理这类患者。

二、变态心理学对于个人的价值

近来变态心理学日益侧重心理变态与生活适应的关系。因此，它对于个人的价值越来越显著，这里举出如下几个比较重要的例子：

（一）变态心理学能使我们对于自身与他人有一定的了解

我们应用这门科学，可以觉察并看见自身的行为变态的真相，同时也能解释他人的变态。各个人的互相适应，多半是种种特性的适应，所以变态心理学的研究可以使我们避免许多冲突。冲突发生的最大原因是缺乏了解。我们往往认为他人不够了解我们，但其实我们常常对于自身也不够了解。这并不是说我们将在自己身上发现种种的精神变态，但是一种品质如果有过度的发展，那么我们应当有相对应的认识。

（二）变态心理学可以使我们对于精神变态者予以同情的了解

如果我们具有变态心理学的知识，那么对于患精神病者的态度将由恐惧或嫌恶而变为同情与了解。我们不仅能够改变我们的态度，而且这种兴趣有助于预防方法与治疗方法的发展和应用。

（三）变态心理学可以增进常态心理学的知识

正常人的行为非常复杂，因此难以分析。患有精神变态现象的人给了我们一个最优良的实验情境，因为他们所患的精神变态，使某些常态的关系由此分离。所谓实验的研究，就是抽出一个元素来成为研究的对象。患精神病的人可能有某种特质特别突出，就更易于观察。并且患者需要治疗，因此他的情境得以能够有控制的变化。每次的治疗可以加以控制，从而发现其对于行为上的影响。这样看来，变态心理学中的情境实际上是常态心理学的实验室。我们由此可以解决常态心理学中所难以解决的问题。

（四）变态心理学对于各种专业有所帮助

在含有人类关系的专业中，变态心理学的知识越来越重要。

1. 医生——一般的医生有认识机能观点的必要。他们往往有一种极强的倾向，只从解剖学的观点去观察人类的行为，所以他们需要心理学的知识，尤其是变态心理学的知识，以免过于侧重一个方面。一般的医生往往不能意识到精神变态的重要性。他们在遇到精神病的现象时，往往会对患者说："你没有什么病，这不过是心理的。"这似乎是说，但凡是一切心理的疾病都不重要。其实心理上的病所产生的痛苦，比起身体的病更加深切。不过现在的医生逐渐有了觉悟。

2. 处置个人与社会疾病者——看护、律师、法官、警察以及一切与个人成败问题有关系的人都有研究变态心理学的必要。这种科学能够使他们了解各种变态与人类困难的关系。或者有人以为他们所需要处置的事件限于常态范围以内，而其实最迫切需要援助的人，多在常态范围以外。所以这种科学的知识可以增进其工作的效率。

3. 必须影响他人的意见或行为的人——商业家、行政人员、政客以及一切从事影响他人意见或行为的工作的人，都需要变态心理学的知识，他们如果具有这种知识，则可以减少工作的困难程度。我们通过变态心理学可以知道个体的差异，并且能够根据这种差异来确定行为的方式。

4. 教师——教师如果对于变态心理学具有充分的知识，那么他的工作将更加饶有趣味。一个顽劣的儿童可以因为处置得法而一下子变为驯良的学生。学校中最困难的问题不是儿童的恶劣行为，而是如何改变这种行为。教师如果能了解个性的差异，以及精神变态的原因，即使是最困难的问题也可以因此而有解决的可能性。

参考文献

Anderson, V. V. (1932). The Contribution of Mental Hygiene in Industry. *Proceedings First Int. Cong. on Mont. Hygiene*, 1, 696—718.

Beers, C. W., Longmans, Green, & Co. (1908) A Mind That Found Itself.

Elkind, H. B., & Forbes. (1931). Proventive Management.

Glueck, S. S., Little, Brown, & Co. (1925). Mental Disorders and the Criminal Law.

May, J. V., &Richard, G. Badger. (1922). Mental Diseases, a Public Health Problem.

Morgan, J. J. B. (1926). The Psychology of the Unadjusted School Child.

Scheidemann, N. V., &Houghton Mifflin (1931). The Psychology of Exceptional Children.

第三章　变态心理学的历史背景

变态心理现象的记载为时已久，古人对于这种现象的解释常常带有神秘的色彩。在此时期，精神疾病都被视为被鬼魅附体的现象。古人所谓"魑魅魍魉足以惑人"即含此意。然而，对这种神秘的观念不必加以分析，我们所需注意的应该是变态心理学中科学概念的演进。

总的来说，科学概念的演进，可以分为下面几个时期：

一、上古时期中的唯物观

公元前460年（460 B.C.），希腊医生希波克拉底（Hippocrates）① 已采用医药方法治疗精神病。泰西被奉为医学的鼻祖（Father of Medicine），当时他已经认识谵妄② （delirium）、抑郁（dejection）与狂欢（exaltation）三种病症。他认为这些症候的原因，都是从神经中发现的，并且用体液（bodily fluid）

---

① 特编注：此处原著提法为"黑坡科勤替士"。
② 特编注：此处原著提法为"昏迷"。

的假设来解释精神病的产生。他似乎对于内分泌的概念已有几分认识，不过他所注重的是水火两种元素的均衡。这种均衡被视为健康之本，这就又与我国医学五行之说颇为相似。至于常态与变态的差别，希波克拉底认为这二者完全没有严格划分的可能。

公元前280年（280 B.C.），有一位希腊医生名叫埃拉西斯特拉图斯（Erasistratus）①，他是神经解剖学的鼻祖。他对于脑隙（fissures）的功用有所讨论，而且是精神治疗法的创始者。

公元前100年（100 B.C.），希腊医生阿斯克莱皮斯（Asclepiades）② 主张舍去"paranoia"（编者注：偏执狂、妄想狂）这一名词而用"insania"来取代。他曾这样描写一种心理诊断的方法：主试向患者朗读一段散文，故意读错来观察被试的反应，可以由此判定被试是否患有"insania"。

公元100年前（100 A.D.），罗马医生塞尔苏斯（Celsus）③ 在其医学著作中有一章专门论述精神病，这是罗马人关于精神病的创始之作，塞尔苏斯也把体液作为这种疾病的原因。

公元175年前（175 A.D.），希腊人盖伦（Galen）④ 根据心理的观点将精神疾病分为下面三类：（一）心力的状况，分衰弱、瘫痪、盈溢三种；（二）记忆上的病；（三）感觉上的病。他也视体液为精神病产生的原因。这种体液没有固定的性质，

---

① 特编注：此处原著提法为"易拉西士查塔士"。
② 特编注：此处原著提法为"阿士克里丕阿底士"。
③ 特编注：此处原著提法为"色耳撒士"。
④ 特编注：此处原著提法为"格仑"。

而是受心理的经验所支配，这一点似乎使得盖伦的假说与内分泌假说很相似。

公元280年之前（280 A.D.），阿克丑爱累阿士（Actuarius）建立了一种关于大脑功用的学说。他认为脑的各部分都有其特殊的功用，其划分的情形如下：

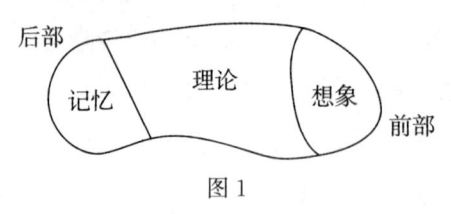

图 1

根据他的观察，每当能力有所损伤时，想象与记忆二者也将失去常态，所以理论应当位于这二者之间。他对于各种症候的解释，都以这种区分为根据。

二、中古时期的观点

此时期约从公元1218年起至1600年止（1218 A.D.－1600 A.D.）。在这一时期，变态心理学有两种观点，他们之间的争论非常激烈。根据其中一种观点，精神疾病是鬼魅附体的现象，所以应该用惩罚的方法治疗患此病者；而另一派则认为病人承认有鬼不过是一种妄想而已。

三、新生时期

新生时期是从公元1600年起至1700年止（1600 A.D.－1700 A.D.），在这个时期，研究精神现象的兴趣特别浓厚。

英国医生伯顿（Burton 1577 A.D.－1640 A.D.）[①] 在其名著《忧郁的解剖》（*The Anatomy of Melancholy*）[②] 一书中提出，这种疾病是由下列各种原因所致：上帝、魔鬼、女巫、星宿、相貌、妇女的影响、遗传以及反抗自然之事（例如饮食起居不良等等）。伯顿讨论了许多遗传原则，且首先提倡优生学说。当时他已开始应用心理治疗法和心理卫生学。从其思想方面看来，我们可以说，在伯顿的著作中兼有前一时期的两种趋向。

英国医生威利斯（Willis 1621 A.D.－1675 A.D.）[③] 曾著《脑的解剖》（*The Anatomy of the Brain*）[④] 一书，其思想集中在"动物精神"（Animal Spirits）这一概念中。所谓"动物精神"，就是身体内部的液体，这种液体能影响印象，进而产生精神病。大脑中有许多孔窍，这些孔窍不可以过宽或过狭，否则"动物精神"的流动会有所影响，而在精神方面就会产生变态的现象。

四、宗教改革时期

我们可以把公元 1700 年至 1800 年（1700 A.D.－1800 A.D.）划分为宗教改革时期。在此时期中应该注意的事有下列

[①] 特编注：此处原著提法为"白吞"。
[②] 特编注：此处原著提法为《精神病之解剖》（*Anatomy of Melancholy*）。
[③] 特编注：此处原著提法为"卫力士"。
[④] 特编注：此处原著提法为 *Anatomy of Brain*。

五项：（一）哈维（Harvey）① 关于血液循环现象的发现；（二）显微镜的发明；（三）解剖观念的解放；（四）神经功用的实验研究；（五）慈善运动（Humanitarian Movement）的产生。前面四项使精神病的研究范围逐渐扩大，而最后一项则使一般人对于患精神病者的态度有所改变。法国的皮内尔（Pinel）②、英国的卡仑（Cullen）与图克（Tuke）、以及美国的迪克斯（Dorothea Dix）都主张对于患精神病的人予以相当的处置，于是这类患者从牢狱迁到了病院。

五、近代时期

在此时期中对于现代的变态心理学说具有重大影响的人当推康德（Kant）、林奈（Linnaeus）、克雷佩林（Kraepelin）与赫尔巴特（Herbart）四人。康德批评以前所注意的心理现象仅仅限于智慧与意志二者的作用，他主张应该同时注重情绪的作用，其学说使得研究者注意的范围相比以前有所扩大。林奈是瑞典的植物学家，他的贡献在于使植物的分类有了一个巩固的基础。这种分类的方法对于精神病学很有影响。赫尔巴特虽然是一位教育家，但在变态心理学中占有特殊的地位。根据他的意见，观念是心的原素，各种观念相互联络，并且在遇到抵抗时产生一种力量，心理的冲突由此产生。并且观念是可以变化的，凡是受到抑制的观念在出现时一定会改变其形式，但是如果抑制的力量稍有放松，那么这种观念也能露出其真面目。

---

① 特编注：此处原著提法为"哈佛"。
② 特编注：此处原著提法为"毕纳"。

简而言之，观念可分三种：第一种是意识中的观念；第二种是虽受抑制而能侵入意识的观念，这种观念在所谓的"静止阈"（Static Threshold）里；第三种是完全沉没不能再进入意识的观念，这种观念在所谓的"机械阈"（Mechanical Threshold）里。"机械阈"里的观念不相联络，并且不能联络，所以这种观念毫无回忆的可能，这是人格分裂的原因。进入意识中的观念，则能联合成系统（complexes），并且潜意识（the unconscious）中的观念若按同一方向活动，那么意识也能受其影响。

我们由上面所述，即可看到赫尔巴特（1776—1841）的思想是弗洛伊德的学说（即精神分析说）的开端，因此将这两种学说中互相接近的概念列举如下：

赫尔巴特（Herbart）	弗洛伊德（Freud）
冲突（Conflict）	冲突（Conflict）
占优势的观念（Dominant Ideas）	检查者（Censor）
受抑制的观念（Suppressed Ideas）	受抑制的情感（Suppressed Affects）
抵抗力（Resistance）	力比多（Libido）
伪装（Disguise）	符号（Symbol）
潜意识（The Unconscious）	潜意识（The Unconscious）
情结（Complex）	情结（Complex）
推论（Inference）	分析（Analysis）

克雷佩林的贡献在于用实验的方法研究精神病症。他认为精神病的种种症候，必须用实验的方法研究，然后才能得到彻底的了解。他所用的方法有下述三点值得注意：（一）应用种种

媒介（例如酒精）来引起精神病的各种现象。方法是选择正常人为被试，并在其服用药物以后观察各种症候发生的进程。（二）克雷佩林对于实验的结果也有数量方面的考虑，例如反应时间、记忆差别等等都有记载。他也计算常模作为其诊断的根据。（三）基本倾向（fundamental dispositions）的研究，研究的方法是观察每个人在服用同样的药物后在行为表现上的差别。

参考文献

Gadelius, B. (1933). Human Mentality in the Light of Psychiatric Experience. *Copenhagon: Levin & Munksgaard*.

O'Brien-Moore, A. (1993). Madness in Ancient Literature. *New York: Stechert*.

White, A. D. (1900). History of the Warfare of Science, Vol. II. *Appleton*.

第四章　机体精神病的原因

精神病的原因可以分成两类：一类是产生机体精神病的，另一类是产生机能精神病的。这两种原因也有可能混合出现。我们为了将其叙述得更加明晰，特此将这两类原因分章节叙述。这一章所讲的仅限于机体精神病的原因。

机体精神病产生的原因有很多种，已经发现的有下列几种：

一、细菌的传染

有些精神病是由于细菌入侵体内所导致的，这种细菌对于神经细胞组织可能有着一种特殊的作用力，因此在大脑或脊髓中筑起了特殊的巢穴，这样就能够侵食神经细胞组织，以用来自身的繁衍。梅毒入侵大脑就是其中一例，在这种受到摧残的情形下，常态的精神生活自然是不可能实现的。

其他细菌也会去侵袭脊髓膜，它的危害要么表现为有毒物质的排泄，要么表现为脑周液压（liquid pressure）的变化，脑膜炎（meningitis）就是这种症状中的一种。

传染中心（foci of infection）在其他地方的细菌，也能够影响神经系统。细菌在血液中排泄有毒物质，然后有毒物质借助体内循环系统的作用入侵身体的其他部分。神经系统当然也包含在其中。例如喉头炎（tonsilitis）、溃齿（abscessed teeth）、病穴（diseased sinuses）与慢性盲肠炎（chronic appendicitis），它们对于精神效率的影响，还没有被一般人所认识。科顿（Cotton）医生发现机能病和慢性的传染有着极其密切的关系。据他的报告，现在有许多事实可以表明如果将传染中心移去，那么并发的精神病也能因此痊愈。早发性痴呆[①]（dementia praecox）的治疗，有可能证明这个事实。

二、有毒物质

有毒物质与精神病的关系，可以从醉酒者的行为观察得知。其体内的有毒物质如果一旦除去，那么各种精神变态的现象也会因此消减。酒精是有毒物质中最重要的，在精神病院中，患者中有8%到10%都是因为酒精中毒而产生精神病的。

有鸦片成癖的人也会表现出精神病态的现象，不过他的表现形式不至于非常奇特，它的发展情形较为潜伏，但危害却很大。

有些精神病则是由体内的有毒物质所导致的。这些有毒物质大多是由于排泄不良而产生的。例如，尿毒入血的昏迷（uremic coma），就是肾部机能有所破坏的结果。有时有毒物质也可

---

① 特编注：原文为"早衰病"。

能通过消化道入侵血液而产生精神病。

三、腺病

内分泌系统和神经系统的关系或许等于身体中任何两种系统的关系。我们试想一下神经系统对于体内化学变化有多么灵敏的感觉，那么甲状腺分泌的增加对神经系统的影响就不难察觉到了。这种分泌的增加会使人的体重从 160 磅减少到 110 磅，或者会使人失眠并伴有极其疲劳的症状。由此可以得知，内分泌腺的作用是非常大的，所以具有这种力量的分泌，对于神经系统自然也就有着极大的影响。并且腺的分泌如果没有充足的分量，那么会导致皮肤干燥、骨骼不能适当生长，并且生理的成熟也会因此深受影响。相同的情形当然也能影响到神经系统中的新陈代谢作用。

内分泌腺的分泌是身体进程中的调节者。消化、营养、生长、普通的新陈代谢作用以及性的发展，都受到这种分泌的支配。神经系统因此而产生感觉，并且因此具有稳固性，所以这种分泌对常态的生活进程有着很大的影响，生理的生活当然也会受到它的支配。

至于腺病对于心理方面的影响，有下列两种情形可以表明：（一）克汀病患者[①]（cretin）由于其甲状腺分泌不足，所以其行为表现出一种拙笨、无神以及无情的状态。（二）这种分泌倘若过多，则会感觉敏锐、活动不止，并且容易被激怒。内分泌腺

[①] 特编注：原文为："枯内庭病者"。

作用的失调,也会使得性的行为异于寻常。

四、细胞营养不良

有许多早发性痴呆患者和患有贫血病(即血红细胞过少)的人,如果用肝精(liver extract)来治疗,以增加血红细胞的数量,那么患者将不仅仅在身体上表现进步,在心理状态上也会有良好的变化。这种事实显然表示患者的脑细胞从血液中获得的营养过少。神经系统的效率也会由它获得的营养情况而定。这种营养如果有所缺失,那么精神病的症状也会随之产生。所谓营养缺乏,也可能是由于身体吸收的食物所导致。例如玉米红斑病①(pellagra)就是由于维生素的缺乏。患这种病的人容易抑郁。

营养不良的儿童,在心智方面也较为愚笨。成人如果没有给予足够的养分,那么儿童会有心理紊乱的状态,并且丧失自我判断能力。但是这种营养的缺失也可能是由于血液运输能力不足导致的,例如贫血者所患的病症就是这种。

五、神经细胞的不足

大脑如果受到梅毒的传染,那么神经细胞的数量当然会因此而减少,不过本段中讨论的缺陷,仅限于先天固有的缺陷,或者在胚胎期、婴儿初期因为发展停止而导致的缺陷。低能(amentia)是这种缺陷导致的常见现象。柏雷(R. J. A. Berry)

---

① 特编注:原文为:"玉米黍疹"。

说:"这里所说的低能,是用来表示皮质神经元的,它可能会因为各种原因而导致不能充分的发展,因此患者不能用常态方法适应环境。特雷德戈尔德①(Tredgold)说,低能者的大脑特征,是它的皮质神经元数量不足,这种神经元的发展是不规则的,皮质中各个细胞的发展是不完善的。他又说显微镜中所能发现的变化数量与生活中的心智缺陷程度恰恰是成正比的。在许多事件中,这种细胞的缺乏,使得皮质的灰质部分的厚度比不上常态的情况。这是显而易见的事实——虽然常常被看作是发现的事实,但实际上没什么探究发现的必要。"②

六、老年细胞组织的退化

老年精神病的原因,就是他们的大脑在解剖上的变化。这种变化的原因是大脑血管变硬(因此脑部的营养受到了影响),以及大脑组织本身的萎缩。于是这种变化就产生了一种发展性的心智退化现象。

七、机械的伤害

凡是具有意外的性质,并且能够毁坏神经系统的细胞组织的种种因素,都归于此类。精神生活所受到的影响与细胞组织受到的伤害成正比,同时也与遭受到损伤的特殊部位有关系。例如头部受伤、脑瘤与大脑失血,这些都是这类病因的重要组

---

① 特编注:此处原著提法为"曲歌耳特"。
② Berry, R. J. A. (1928). The beattie Smith Leeures on Ineantiy for 1926. *J. Mont. S.*, 74, 29.

成部分。

八、温度的变化

患有热病者的癫狂反应、中暑的人的昏迷状态都是过高的温度对神经系统的影响。这种情形下的精神活动与温度增高时气体分子的特别活动颇为相似，两者都好像是因为热度的增加而发狂，大脑范型因此而发生障碍，于是大脑的活动也偏离常态。

温度如果过低，那么在反应方面也可能有变态的现象。

九、遗传

我们在讨论机体精神病的原因时，不能遗漏遗传这个因素，因为遗传是精神病的重要因素，这一点毋庸置疑。不过今天的精神病治疗学家对于遗传原则在治疗精神病这一问题上的应用，已经渐渐失望。孟德尔（Mendel）对于遗传的叙述大致如下：

根据达奈（Dana）[①] 的说法，孟德尔把遗传品质看成是独立的单元，在受精的时候分离开。所谓显性定律（law of dominance），是关于两个在单元品质上不同的机体的配合，形成的结果即为混种。这些混种形式相同，并且从他的父母那里各得一种显性品质。所谓分离定律（law of segregation），是关于混种的交配，产生的第三代有50%的概率像自己的父母，有25%的概率完全像男方，还有25%的概率完全像女方。现在以大S

[①] Dane, C. I. (1924). The Mocern and Technical Study of Heredity. *Studies from The Department of Neurology Cornoll Uaiv*, 14, 1.

代表所含有的男方基因，用小 s 代表所含有的女方基因，那么第三代的公式就是：－S＋2Ss＋s。至于显性（dominant）与隐性（recessive）的影响，达奈说："假定 M 为显性基因（假定它是'遗传舞蹈症'），N 为隐性基因（也就是'常态神经肌肉的机械'）。现在如果 MN 和 NN 相互交配，那么结果是有50％的可能性是 MN，50％的可能性是 NN，这就表明一半的概率患病，一半的概率不患病，或者 N 如果是显性，那么全都不患病。"

"现在假设 M 是隐性基因而 N 是显性基因，那么 MN 和 NN 两个混种进行交配必然会有25％的概率是 MM，50％的概率是 MN，25％的概率是 NN。这就等于有四分之一的概率会患病，四分之三的概率不患病。"达奈曾经指出孟德尔的学说有助于解释人类缺陷为何产生，但是它用来解决问题的价值至少在目前为止还存在疑问。具体来说，我们或者后人都能借助孟德尔的学说对家族的分期瘫痪症、遗传颤栗症以及属于这一类的疾病进行较为完善的解释，但是躁狂抑郁性精神病（manic-depressive psychosis）、早发性痴呆（dementia praecox）以及属于这类的疾病就不能够依据孟德尔的定律进行预测。达奈说当今的神经病治疗学家与精神病治疗学家，必须多从生物统计学、诊断观察和环境分析来研究疾病遗传的问题。

目前的情况就是这样，因此很多神经病治疗学家不愿意过于注重遗传的因素。至于我以上所列举的种种因素，将会逐渐引起一般研究者的注意。

参考文献

Bumke, O. (1932). Handbuch der Geisteskrankheiten. *Berlin: Springer.*

Freeman, W. (1933). Neuropathology: The Anatomical Foundation of Nervous Disesses. *Saunders.*

Levy, L. (1932). Le Temperament etsesTroubles: Ies Glandes Endeerines. *Paris: Oliver.*

Streeker, E., & Ebaugh, F. G. (1925). Practical Clinical Psyahiatry. *Blakiston.*

Weil, A. (1933). A Textbook of Neuropathology. *Philadelphia: Lea & Febiger.*

第五章　机能精神病的原因

现在对于机能精神病的学说不一而足，较为重要的学说可以分析于下：

一、条件反射[①]**说**（The Theory of Conditioned Reflex）
"条件反射"（Conditioned Reflex）说，往往用来解释精神病的产生，所谓"条件反射"可用下图表明：

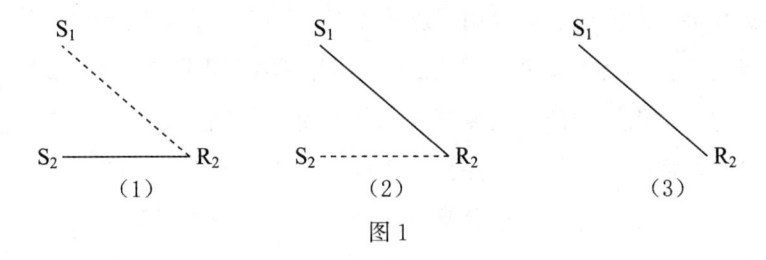

图 1

S1 与 S2 为两种刺激，R2 是对 S2 的天然反应。换句话说，在 S2 出现时即有 R2，这种反应的倾向不必经过学习就可以发

---

① 特编注：此处原著提法"制约反射"。

生，这种反应称为"非条件反射"（unconditioned reflex）。最初 S1 不能引起 R2，但是 S1 若与 S2 屡次同时出现，则 S1 便有与 R2 发生关联的趋势（参看图 1）。这种进程发生的次数越多则 S1 与 S2 的联系越为强固。后来当只有 S1 出现时 R2 也能发生，这种反应称为"条件反射"，根据条件反射说，精神病也是这种进程的结果。例如，某人对于某件事本不应感到惧怕但却感到惧怕，即为变态的现象，其原因肯定是这件事以前经常与恐怖的事同时发生。

二、复原机制说（The Theory of Redintegrative Mechanism）

这是霍林斯沃思①（Hollingworth）的学说的基本概念。这种概念是以威廉·汉密尔顿②（Sir William Hamilton）的思想为根源。霍氏在探讨这个概念时有下面一段话："汉密尔顿早已应用'复原'一词来表示一个复杂观念在全体的一部分出现时，可以让全体有恢复的趋势。根据这个概念，一个观念仍有分析的可能。我们虽然可以用'皮质型'一词取代它，这样即可使其与流行的神经学说完全相符，但我们仍想要摒弃这个概念。不过，凭借一个部分就恢复它以往全部的机制，是心理学中一个极具启发性的概念，并且作者深信在神经病治疗学中也是如此……一个观念的一部分难有出现的可能，因此汉密尔顿所探用的意义不能成立。但是或许没有人能否认一个刺激的一部分可以发生的事实，并且我们容易表明这种部分刺激可以引起以

---

① 特编注：原译为"贺林午士"。
② 特编注：原译为"韩米耳吞"。

前对于这种刺激的全部反应。一个儿童被一个又大又黑、猖猖而行的四脚动物所惊吓,刺激与反应二者都很复杂。后来仅有猖猖的声音就可以唤起全部惊吓的反应。即使是他的父母在爬行时或藏在门后发出这种声响时,也会有这种反应,这就是复原机制。在某些情形下,这种反应是精神神经组织(Psycho-neurotic Make-up)的主要特性。"

至于常态行为与变态行为的区别,我们可由下述五种反应类型来观察到:

(一)常态型(The Normal Type)

属于常态型的反应,即指对于情境一部分的反应,是以一部分与其全体的关系为基础。

(二)轻躁狂型①(The Hypomaniac Type)

轻躁狂型者的特征,在于其反应发生得过早。情境中的细节虽然还未发展到能表示目前的关系,而反应已经发生。

(三)低能型(The Feeble-minded Type)

属于低能型的人的反应,表示对于情境全体与其中所含的种种关系不能领悟或不能充分领悟。

(四)早发性痴呆型(The Dementia Praecox Type)

这种类型的特点是:某种复原型具有特别的作用,而其他各种反应因此不能发生。这种趋势的表现或是行为与语言的机械化,或是姿势与运动的机械化,或是喜怒哀乐的失常。

(五)精神神经型(The Psychoneurotio Type)

---

① 特编注:原文为"轻狂型"。

属于这种类型的人,不能观察目前情境的部分与其全体之间所具有的关系。这一部分虽在以前的情境与现在的情境中含有不同的意义,而反应者仍视为以前情境的一部分。

根据上面所述几种反应类型的区别,常态的行为与变态的行为虽在表面上看来具有严重的区别,而在其根本上都离不开复原原则。

三、心力说（The Theory of Mental Force）

这种学说是法国人雅内（Janet）所主张的。从孔狄亚克（Condillac）与拉美特里（La Mettrie）的时代以来,法国的心理学家大都带着感觉主义的色彩。在常氏的思想中也有这种倾向的表现。其学说有下述几点值得注意：

（一）精神生活的元素

雅内认定感觉是精神生活的元素。各种感觉的综合,正如许多支流的汇合。这种统一性是常态生活的必要条件。如果支流合而复分,则精神生活的统一性因此消灭,而其结果就是精神变态的现象。

（二）精神生活的统一者

人格既然由各种感觉综合而生,各种感觉间一定有综合的力量,这种综合力就是所谓的心力,储蓄于"倾向"[①]（tendence）之内。雅内所谓"倾向"是指外周感受刺激而产生一些有次序的特殊动作的倾向。这种倾向有天然的,也有后天习得

---

① 特编注：原文为"趋向"。

的。这种种倾向都有产生某些动作的心力,而其分量则视动作的复杂性与重要性而定。在一种倾向形成的进程中,其力是取自原有的倾向,但这种倾向形成以后,则这种心力就会永远随附。

(三)精神病产生的原因

精神生活的统一性是被一种综合的力所维持。这种综合的力如果有所损失,则各种感觉将会被分裂,变态心理的现象因此产生。

心力缺乏的原因有以下两点:(一)情绪的影响——从症状的观点看来,情绪与疲劳二者几乎没有区别。这两种现象都是精力不足与感情激动二者混合的心理状态。若注意于精力不足这一点,则称为疲劳。若注意于感情激动一点,则叫情绪。这两者倘若有差别,那么差别也非常微小。情绪产生疲劳的原因,属于数量方面,而不是属于阶段级别方面,因为它在心理作用上所属的阶段级别很低,而其所需要的精力则很多。(二)精神紧张的影响——一切心理作用都可以分成等级。至于等级的高低则根据精神紧张的程度而定。等级较高的精神作用比起等级较低的更易于产生疲劳。

在上述两种产生疲劳的原因中,一种是由于数量上的关系,而另一种是由于等级上的关系。情绪的级别虽不如其他精神作用高,但所需心力极多。由精神紧张而产生疲劳,则视为心理作用的等级转移。这两者产生疲劳的情形虽有差别,但其结果相同。我们可以说,雅内认定疲劳至少是产生精神病的主要原因。

四、精神分析学说（The Psychoanalytic Theory）

精神分析说是弗洛伊德[①]（Freud）所倡导的。弗洛伊德假定人的行为被两种本能所支配：一为性本能（sex-instincts），一为自我本能（ego-instincts）。精神病的现象就是由这两种本能的冲突而生。这种结论主要以下述各种理论为依据。

（一）性本能的演进

在精神分析学中，性的冲动用"力比多"[②]（libido）这一名词代表，所以性本能的发生即为力比多的发展。弗洛伊德说，性的生活的发展必须经过不同阶段。其发生的进程与虫卵变为蝴蝶的进程相同。性的生活原来性质散漫，其中有许多部分本能（partial instincts）都有要求被满足的趋势。就其对象而言，在这些部分本能中，有始终限于一个对象的，如征服本能、好奇心与窥视的冲动。其他各种部分本能则依附于特殊的动情带（erogenous zones）。其功能最初不属于两性，但是后来原有的功能渐渐消减，因此其对象也遭到摒弃。例如口欲本能最初的对象是母亲的乳房，后来这种对象被儿童自身的一部分取而代之，于是这种冲动变为自淫（auto-erotic）。后来这种冲动又向两种目标继续发展：（1）废止自淫而代以身外的东西；（2）以一个对象代替许多对象。

在性本能的潜伏期（latent period），力比多的发展会暂时停止，其所寻找的对象则与口欲冲动的对象有关系，即母亲自

[①] 特编注：原译为"弗洛—特"。
[②] 特编注：此处原著提法为"力必多"。

身，因此母亲会变为爱情对象。这里所谓爱情虽然仅指性冲动的心理现象，但抑制作用由此产生，于是这种关于性的目标的想法不得不与意识（consciousness）的范围脱离关系。这种对象的选择就是精神分析学派所谓的"俄狄浦斯情结"①（Oedipus complex）。这是精神分析学中重要的概念之一，而且精神分析学派受人攻击的原因也和这个概念有一定的关系。

俄狄浦斯是希腊神话中的一个人物，根据这个神话，俄狄浦斯知道他必定会经历弑父娶母的命运，于是他极力设法防止这一命运的实现，不幸的是结果与他所希望的相反。精神分析学派借用这个名词来描写上面所述的心理现象。

当儿童选择其母亲为爱情对象时，他心理的现象可以通过各种行为观察到。这时儿童坚决要与母亲独处，他会因为父亲向母亲表达爱意而表现出嫉妒，父亲离开就会表现出快乐，母亲更衣时则会在旁边观望。对这种情形的解释有借助两性元素的必要，因为母亲对子女的爱虽然没有差别，但女儿则没有这种现象；并且当父母都争宠儿子时，儿子对父母两人的态度却明显不同，女儿对父亲与儿子对母亲则有相同的态度。

在性本能发展的进程中，儿童必须逐渐脱离上述的心理关系，而物色另一个爱情对象来代替之前的对象。这是常态的精神生活的必要条件。

（二）性本能与自我本能的关系

自我本能也有其发展的进程，这种进程受性本能发展的影

---

① 特编注：此处原著提法为"伊底怕思情结"。

响，同时也对性本能产生影响。

但是这两种本能仍有下述的区别：一是这两种本能在应付实际需要时，会表现出不同的反应。自我本能相对比较容易发展，可以与实际需要互相适应，因为它的对象不是通过其他方法取得，而且是生活的必要部分。至于性本能，则难以受到教育的影响，因为它最初虽然没有对象，但却不会因此感觉痛苦。这种本能与其他身体上的功能互相关联，而能借此来满足身体的需求，所以虽有实际需要，但却不受教育的影响。

性本能在整个发展进程中常以快乐为目标，自我本能最初也趋向于这个目标，但是后来因为需要所迫，因此目标有所改变。自我（ego）能够发现，有时候快乐的感觉不可以立即获得，某些痛苦必须忍受，而且某些快乐需要完全摒弃。这种教育使自我变为一个有理性的人。所以性本能常为快乐原则（the pleasure principle）所支配，而自我本能则为现实原则①（the principle of reality）所支配。但是自我本能在其根本上还是趋向快乐的，不过对于追求快乐的事可以暂缓，而且能顾及事实。这里所谓快乐即心理机制中刺激减少或消失的意思。

至于两种本能在产生精神病时的关系，精神分析学派认为精神病是由于这两者的冲突所导致的。性本能的趋向如果遇到外界的阻力而不能实现，就会采取其他方法来满足其需要；但是自我本能如果又施加阻力，那么就会产生精神病的症状。换一句话说，性本能如果有外界阻力而没有内部阻力，尚不至于

---

① 特编注：原文提法为"事实原则（the principle of fact）"。

发生精神病态的现象。外界的阻力只是使一种产生满足的方法不能实现，而内部的阻力会阻碍其他方法的使用，这种可能性的消减就是心理冲突产生的原因。

（三）病症的发展

根据精神分析学派的主张，性的冲动是各种部分冲动综合而成，有些部分冲动在发展初期可以停止而不向前演进，但其他冲动仍可继续发展直到完成而结束。部分冲动停止发展，即所谓"固着"[1]现象（fixation），这种现象的原因有两个：一是遗传的倾向，一是儿童初期养成的倾向。但是部分冲动在已有进展后仍能退至最早的时期，即所谓"退行"现象（regression），这是因为这种冲动在行使其功能时，遇到外界的困难而不能满足其需要，于是不得已向后退。固着与退行并非不相关联，在一种功能发展的进程中，固着现象的势力越强，那么这种功能越容易见难而退。这是固着和退行两种现象的关系，也是导致精神病的原因。

在精神病产生时一定有心理上的冲突，这种冲动主要发生于性本能与自我本能之间。患者借精神病使这两种本能的力量得以调和。治疗的困难主要来源于这两种本能的阻力。这两种势力之一是未能满足的力比多，外界的阻力使其不得不另寻一种产生满足的方法。倘若实现这种方法仍受到外界的阻力，而不能以另一对象代替原来的对象，那么它势必会退行[2]（regress），而向过去时期寻求一种产生满足的方法或对象，这种

---

[1] 特编注：原文为"固定"。
[2] 特编注：原文为"退化"。

势力就被之前的固着现象所吸引。

在这一点上，性欲倒错的行为①（perversions）与精神病两者的发展是背道而驰的。退行的趋势如果没有引起自我的反抗，那么可能不发生精神病，而力比多也能得到满足，不过这种满足是违背常理的。但是自我不只是控制意识，而且还支配心理冲动的实现，所以自我如果反对这种退行的趋势，那么冲突就会产生。所以力比多不能与自我并立，必须另寻一处来满足需求。其藏匿逃亡者的地方，即所谓"潜意识"②（the Unconscious），也是固着现象所在的地方。这些现象原来是被自我逼迫到此的。此时力比多占有潜意识，而其所采用的观念也都属于潜意识。这些观念在一方面有向外表现的倾向，而另一方面又要抵抗前意识③中的自我（the foreconscious ego），或检查者（Censor），所以需要选择一种形式来应付这种情境，而使其得以表现，其结果就是病症。这就是潜意识中的"力比多"产生满足的一种方法。不过这里所述的事实仅以"癔症"④（hysteria）的发展进程为依据。

这种精神病产生的原因可由图 2 表明，而其发展的进程由图 3 表明。

---

① 特编注：原文为"性反常的行为"。
② 特编注：此处原著提法为"潜识"。
③ 前意识即介于意识与潜意识之间，相当于检查者，其功能是检查观念是否与自我发生冲突，有冲突的观念不得进入意识。
④ 特编注：此处原著提法为"害思病"。

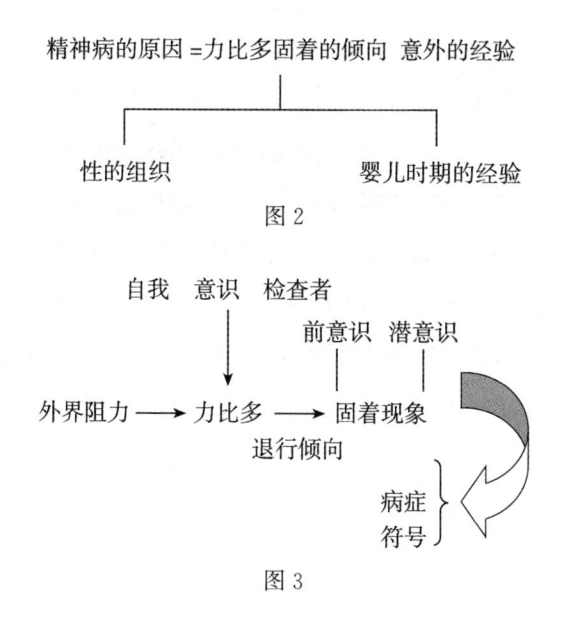

精神病的原因 = 力比多固着的倾向　意外的经验
　　　　　　　　｜
性的组织　　　　　　　婴儿时期的经验

图 2

自我　意识　检查者
　　　　｜　前意识　潜意识
外界阻力 → 力比多 → 固着现象
　　　　　　退行倾向
　　　　　　　　　　病症
　　　　　　　　　　符号

图 3

五、生命活力学说[①]（The Theory of Life Energy）

这是荣格[②]（Jung，C.G.）的学说。其要旨如下：

（一）力比多的演进

据荣格看来，力比多的意义不应限于性的冲动，且不等于广义的性欲。这个概念应当包含一切生理的与心理的现象在内。在人类的行为中，虽有许多功能与活动原以生殖本能为基本，但是后来不再具有这种性质。这些功能与活动不能视为属于两性。两性功能与其各种表现虽为力比多的重要出路，然而此外还有其他出路。当力比多带有活动性质时，表现的方向可以任

---

① 特编注：原文为"生活力说"。
② 特编注：原译为"荣赫"。

意支配。

荣格称力比多的发展时期分为三个阶段：第一个阶段是从出生到三岁或四岁，是性本能发展以前的时期。在这个阶段生命活力的主要功能是营养和生长。第二阶段为青春期前的时期。第三阶段从青春期开始，是成熟时期。在最早的时期中，有许多现象带着性的色彩。这些现象虽与性本能有一定联系，但这里所谓的性与成人时期中所含的意义断然是不同的。这种现象都是力比多在发展进程中的过渡现象。这时力比多如果遇到阻碍停止发展，那么结果即为固着现象。力比多的发展虽能停止，但身体的发育不会因此而停止，所以情绪的态度可属婴儿时期，而身体的需要则属成人时期。这就是精神病或其他变态现象的基本原因。

（二）精神病产生的原因

荣格承认，在患精神病的人之中，有的人在儿童时期就会表现出精神病的倾向。他也承认父母对儿女发展的影响。过于纵容的态度与缺乏同情的态度在孩子的情绪方面均会产生不良的影响。儿童的神经越敏感，则对家庭环境的印象越深刻，因此在不知不觉间，会在家庭以外寻求家庭中的标准。这种情形并非患者本身所认识到的。患者虽能看到目前的情形与婴儿时期的情形的区别，但是他们情绪的状态不能适应这种见解。这就是冲突现象的由来。

但是根据荣格的主张，患者虽然有许多观念和感情与他的父母有一些关系，但究其根本这些观念和感情都属于主观，而与过去的实际情境并无关系。患者所说父母并非真正的父母，而是父母的意象（或想象中的父母）。其感情和幻想仅仅与想象中所产生的意象发生关系。因此荣格认为俄狄浦斯情结不过是儿童对父母的欲望，与这种需求所产生的冲突的符号。他否认母亲在儿童早期具有性的意义。儿童最初观望母亲即为寻求营养和保护。后来性欲萌芽，因此其爱情稍微带有性的色彩。但是这时他主要的爱情对象仍是母亲，所以儿童仍希望由母亲来满足自己的一切欲望。这是心理冲突发展的情形。因此儿子对父亲，女儿对母亲往往存在嫉妒的态度。

到了青春初期，儿童逐渐与父母脱离关系，其健康和幸福实际上视这种解放的程度而转移。但是也有人与其家庭的关系异常密切，因此不能有充分的解放，所以性的力比多只能表现在某些感情和幻想中。这些感情和幻想可以表示情义的存在。

荣格虽然承认父母的影响和儿童两性组织的影响的重要性，但他否认在婴儿时期寻找精神病的真正原因。心理冲突的原因仍在目前的情境中。儿童有做某事的必要，而且这事与自我的满足有必然关系；但是有困难在前，不能进行，于是力比多就不得已而后退。这时力比多所表现的形式虽然是儿童时期正常的现象，但在成人时期就没有了价值。婴儿时期的欲望和幻想就会变为病症，这就是精神病的发展进程。

六、个人心理学理论[①]（The Theory of Individual Psychology）
首倡个人心理学的是阿德勒[②]（Adler）。这一学说发源于精

---

① 特编注：原文为："个性心理说"。
② 特编注：原译为"阿德拉"。

神分析，然而也有它的特殊见解，要旨如下述：

（一）追求卓越（The goal of superiority）的假说

个人心理学派假定心理现象的发展趋势由追求卓越目标所支配。这是每个人都共有的目标，可以从一个人的态度中，或需求和期望中，或朦胧的记忆、幻想与梦境中表现出来。一切身体的或心理的态度都以一种追求优越的倾向为起源，以尽善尽美的理想为目标。

这一假说的正确性容易判定，因为卓越理想具有普遍性质，我们会发现许多行为以压迫他人或轻蔑他人为目的，例如固执、独断、自傲、夸张、多疑、贪婪等各种品质都是竞争的表现。

这种目标对于心理现象的解释至关重要。一切心理活动的方向都被一个固定的目标所支配。当儿童的心理发展达到某种程度以后，所有暂时的目标会被所想象的最后目标支配，因为儿童会把这个目标看作一个固定的终点。换句话说，这个目标支配儿童的生命线（life line）。我们如果想要解释儿童的心理现象，首先要了解这个最后的目标，否则我们虽对其全部反射及其发生的原因加以研究，但仍不能预测未来的行为。一个人若缺乏目标意识，那么这个人的思想、情感、意志与动作都不可能进行，所以一切心理现象都应看作对某个目标的准备，否则这些现象就没有意义。

我们若要确定一个人某种心理现象的目标，那么就要对这个人的全部生活有彻底的了解。在了解全部生活后，我们才能了解其生活的部分。反过来说，在了解各部分现象之后，将这一切知识综合起来，也能看到其全部的生活规划和最后目标的真相。

（二）自卑感的位置

上面所述的竞争态度可追溯到儿童时期以寻找原因，最显著的现象是在整个发展过程中，儿童对父母及世界的态度中含有一种"自卑感"①（feeling of inferiority）。产生这种情感的原因有：器官尚未成熟，或缺乏自立能力，或服从他人的必要。如果儿童有这种情感，就会在心理上表现出极不安定的状态，而且有与人竞争的倾向。因此儿童往往希望失之东隅而仍然可以收之桑榆。有些儿童会因此出现反抗的态度，因为他们相信只有反抗这一种方法能使自卑的状态永远消失，而且自己可以超越所有人。儿童这时会建立一个目标（一个想象的卓越目标），借此变贫为富，转弱为强，由无知变为无所不知，由无能变为无所不能。儿童在身体上或心理上的缺点越多，就越会感到自身的不稳固，于是建立的目标就越高，其固执的倾向也越强。

（三）精神病产生的原因

阿德勒对精神病的发展进程有如下分析：

1. 所有精神病都可以看作是消除自卑感以及获得优越感的尝试。

2. 精神病的目的既不是社会的适应，也不是生活问题的解决，而是在狭小的家庭范围中寻求一条出路。患者借此可以与外界隔离。

---

① 特编注：原文为"卑逊情感"。

3. 患者用过度敏感①（hypersensitiveness）和不能耐受②（intolerance）的方式来脱离较大的社会，只保留一个小团体来表现各种卓越的品质，同时来逃避社会生活的要求。

4. 患精神病的人像这样脱离实际的世界，过一种想象的生活，他们用这种方法来避免实际需要，达到一种理想的情境，因此他们对社会既无服务的必要，也无责任可言。

5. 患者用疾病和痛苦所产生的自由和特权来代替得不到的卓越目标。

6. 精神病患者会建立一种"反强迫"（counter-compulsion），以免于社会上的种种限制。这种强制力的组织足以适应环境的要求。

7. "反强迫"具有反抗的性质，其所采用的材料或为顺利的情感经验，或为当时所观察的事实。这种强制力能使患者的思想和情感限于上述的激动情绪或无关紧要的细节之中，以免其生活问题引起他的注意。

七、并存意识（The Theory of the Co-conscious）学说

这一学说是普林斯③（Prince, M.）所创。其要旨如下：

（一）并存意识的意义

普林斯认为记忆即印迹（neurograms）的保留。记忆所保留的并非记忆自身，而是记忆的倾向（dispositions），或使记忆

---

① 特编注：原文为"神经过敏"。
② 特编注：原文为"胸襟狭隘"。
③ 特编注：原文译为"卜麦士"。

可以再现的情形。并且事物的保持有其限制，纵使一种经验已经有身体上的登记（physical register），这种记忆也会自然趋于消失。

生理登记有下述几种：一是主要的意识，这种意识由活动的痕迹所组成。一是静态的印迹，或当时无活动的记忆，这是一种无意识的印迹。还有一种印迹虽有活动而无意识，这是纯粹的生理印迹。后两者都被称作为无意识（the Unconscious）。

此外还有两组特殊的印迹，一组即平常所谓的意识边缘（fringe of consciousness）。其中含有的些许的意识，而且有回忆的可能。在意识边缘中有些进程回忆时非常清晰，而在其发生时却很模糊。意识源和另一个特殊组（即普林斯所谓的"外带域"〈outer zone〉）几乎没有严格的区分。人们不能觉知这一特殊组中的元素，并且只有在特殊的情况下才有可能回忆，回忆的人知道在发生时含有意识，只是在主要意识之外。

这种特殊的进程虽有意识，却不是自我的意识。在心理冲突的情形中，这些进程可以自成一体，因此在主要的意识之外还有一种人格产生，于是有了自我意识。这种意识的进程不管发展的程度如何，都可称为"并存意识"（the Co-conscious）。

并存意识在实验上的依据可由下例表明：普林斯用实验的方法使患者一边读书一边写出许多问题的答案，然而患者本人对于所答的问题全然不知。这种事实不能以注意转移说来解释，所以有并存意识之称。这种意识在潜意识（the Subconscious）中的位置如图4所示：

```
意识 ── 意识边缘 ── 潜意识 ┬ 并存意识
                              └ 无意识 ┬ 有活动而无意识者
                                       └ 无活动者
```

图 4

(二) 精神生活的形成

普林斯根据关联原则来解释精神生活的形成。其理论要旨如下：任何对象、符号或观念的意义都是由经验获得的，这是我们都知道的事实。所谓意义是指包含在刺激周围的经验丛内，这种经验丛即是所谓的"外缘"（setting）。好恶的倾向、情绪的激动以及固定观念等等都和意义有所关系。这些现象都表示正常人有意识的反应的外缘，仅有一部分出现在当时的意识中。精神病者的外缘，往往有一大部分不能运用通常的方法进入意识范围内，换句话说，常态的行为与变态的行为均有一大部分是由潜意识所支配。

外缘往往保留在潜意识中，并且在其中活动；然而也能通过符号而出现在意识中。所谓感情（sentiments）或情结[①]（complexes）就包含符号，而且是它们存在的依据。感情或情结是一个人人格的基本。感情是一种或多种情绪的倾向，是围绕一种观念或对象的组织，有时有意识，有时无意识，这要视情境的性质而定。情结（complexes）是与情绪有关的观念团体。情结和感情的差别是它们注重的要点不同：前者注重关联的复杂性，而后者注重情绪的元素，这两个名词都表示一种组

---

① 特编注：此处原著提法为"情丛"。

织紧密的范型，常有单独活动的可能。

范围很大而且内容丰富的情结称为系统（system），系统的种类不一：如"主题系统"（subject systems），即许多经验因主题相同而发生关系；"编年系统"①（chronological systems），即属于某时期或某时代的记忆；"情绪系统"（moodsystems）即各种经验由一种共同的情绪态度而发生联系。人格就是各种系统综合的结果。在某些冲突的情形下，各种系统会互相分离，而人格因此崩溃。从分裂的情结或感情到崩溃的人格，都是变态的心理现象。

（三）变态心理现象发生的原因

心理冲突是原因之一，不过一切心理活动都具有冲突现象，一切心理进程都有冲突和制止作用。用生理学的名词来说，这属于与增高性质相反的心理进程，因此必须增强刺激，而后当时的心理进程才能活动。这是常态心理的机制。变态心理现象的解释也需要冲突这一概念。可惜的是，平时这个概念过于简单化。我们平时以为冲突或是发生于两个有意义的进程之间，或是发生在意识和潜意识之间，又或是发生在潜意识中的某一有力的元素和意识之间。普林斯说，在各种冲突以外，两个潜意识进程也可能发生冲突，并且他对冲突的性质也没有加以限制。受抑制的冲动不必属于两性，也可以属于自我或属于婴儿时期。任何两种系统都可以发生冲突，而较弱的冲突自然会被较强的冲突所抑制。

---

① 特编注：原文为："时代系统"。

各种系统会因为发生冲突而有分裂的趋势，这是强弱相互竞争的结果。所谓心力虚弱的说法完全不足为据，例如有许多患癔症的人（hysterics）也能综合许多心理元素，几乎和常人相同，不过具有某种性质的感情或情绪（指属于某些经验或某些系统的感情或情绪）则有分裂的现象，这是由于心理冲突所导致的。

八、目的说（The Purposivistic Theory）

此学说是麦克杜格尔（McDougall）主张的。他用本能的倾向来解释常态和变态两种生活现象，本能的倾向又称为"迫力"（horme，希腊字），所以这种学说又叫迫力说。麦克杜格尔认为弗洛伊德（Freud）的冲突说过于狭隘，他认为心理的冲突不限于自我本能和性本能两者。每种本能似乎都趋向于最高程度的发展。在顺利的情形下，一种本能可能会过度发展，甚至成为全部体系的精力的出路。各种倾向必须相互竞争，相互约束，各体系才能趋于平衡。如果某种倾向的天然势力过强或发展过于难以约束，那么这个相互遏制的进程必然程度更加强烈，于是就会产生内部冲突。病态的冲突和常态的制止作用几乎没有严格的区别。

一切相互竞争的趋向都是有目的的趋向，所有产生病态现象的冲突都是各种目的的冲突，或各种目标相反的行动的冲突；所以一切机能的疾病都是目的的表现，不过有些目的模糊不清，而且患者本人也认识不到。

上述各种学说可以分为三类：一类注重心理的进程，一类注重心理的组织，一类注重心理的行动。条件反射说与复原机制说属于第一类，心力说与并存意识说属于第二类，而精神分析、生命活力说、个人心理学与目的说则为第三类。条件反射与复原机制都是对心理进程的解释。心力说中综合与分裂的现象和并存意识说中各种意识的组织都是对心理组织的解释。精神分析和生命活力两种学说中的力比多、个人心理学中的卓越目标与目的说的本能都是对心理行动的解释。实际上这三方面应该并重而不可有所偏倚，这是各种学说的共同的缺点，至于各学说特殊的缺点则分别叙述如下：

1. 条件反射说的弱点

条件反射[①]（Conditioned reflex）这一概念似乎可以解释变态的心理现象，不过这个概念还存有修正的必要。可用下图表明：

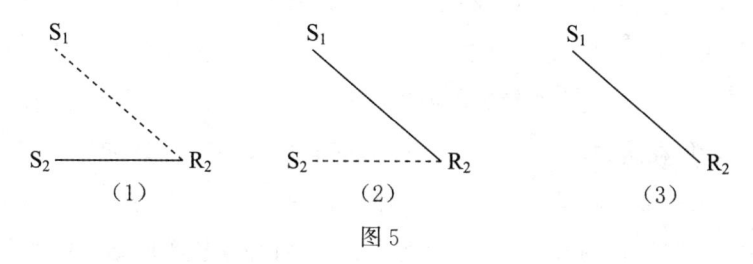

图5

在上图中，S1 与 S2 为两种刺激，R2 是对 S2 的反应，这种反应即"无条件反射"（unconditioned reflex），这是一种本能的反应，而 R2 对 S1 的反应是一种需要养成的条件反射，形成这种反应是因为每次 S2 出现时，S1 也会出现，因此受试者同时对

---

① 特编注：原文为："制约反射"。

S1 和 S2 两种刺激都会产生 R2 的反应。(如图 5(1))在训练过程中，R2 与 S1 的联系逐渐增强(如图 5(2))，之后尽管 S1 单独出现也可以引起 R2 的反应(如图 5(3))。

这种描写似乎和事实相符合，但实际上未能说明事实的真相。(参看图 6(4)—(6))

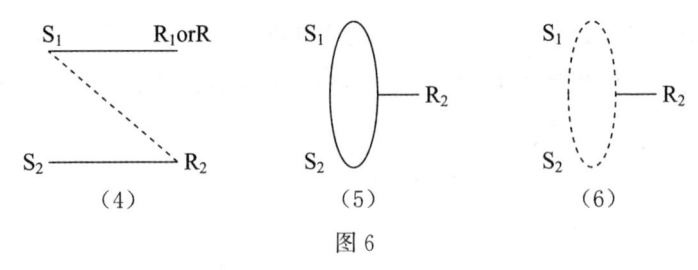

```
S₁ ————— R₁orR        S₁ ⬭ ——— R₂        S₁ ⬭ ——— R₂
      ╲                  ⬭                  ⬭
S₂ ————— R₂          S₂                  S₂
    (4)                  (5)                 (6)
```

图 6

我们在这里应该注意的两点如下：

（一）每种刺激都有特殊的反应，这种反应有时属于外部，有时属于内部，S2 的反应为 R2，那么 S1 也有其自身的反应，现在我们用 R1 代表这种反应，在 S1 与 S2 同时出现时，R1 和 R2 也有同时发生的趋势，不过这两种反应可能在性质上互相冲突，但在这种情形下，只有一种反应能够发生。若 R2 的势力较 R1 大，那么后者将被前者所抑制，结果就只有 R2 出现。

（二）就刺激而言，并非像条件反射说所假定的，S1 代替了 S2，若 S1 真的取代了 S2，那么在条件反射形成之后，每次有 S1 出现 R2 就会发生。但在事实上条件反射虽已形成，却仍需要原来的刺激保持其趋势，否则 R2 就不能被 S1 引起。由这可见，S1 不是代替了 S2，而是在练习的过程中，这两种刺激逐渐形成一个单元，因此这个单元中的一部分就可以代替全体，所以 R2 并不是单独由 S1 所引起的，而是由其所代表的单元引起的。这种单元的概念在消极方面固然有上述的事实证明，而在积极方面也有一些事实值得考虑。例如在条件反射形成时，两个刺激如果同时出现，那么条件反射就容易形成，但是如果条件刺激（即须引起条件反射者）在非条件刺激（即原来引起条件反射者）前出现，或是在条件刺激已经停止之后，非条件刺激才出现，那么条件作用的形成就比较难。我们由这些事实可以看出单元概念的正确性，同时出现的刺激易于组成单元，而先后出现的刺激或相距较远的刺激就很难组成单元。根据这些事实，条件作用这一概念似乎要加以修正才能与事实相符。

1. 复原机制说的弱点

根据霍林斯沃思的主张，汉密尔顿复原说中所说的观念，是不会分裂的，因此观念这一名词可用刺激代替。一个刺激是不可以分裂的，只有刺激的团体才有分裂一说。并且霍林斯沃思所举的例子不是指一个刺激，而是指一个刺激团体，比如儿童对狗的经验是由其颜色、形状、声音、动作以及其他种种情形所组成，所以我们应当使用刺激丛（stimulus complex）或刺激情形这一类的名词，而后我们才能看到事实的真相。

不过我们在修正复原这一概念之后，还是不能回答下面的问题：我们已经说过，一个反应是对一个刺激团体而发生，但是为何在一个情境中，有些刺激属于这个团体，而其他刺激则不属于呢？这个问题是行为中的基本问题，但是根据霍林斯沃思的学说恐怕不能回答这个问题。

2. 心力说的弱点

雅内认为精神病患者的人格分裂是由于综合力的缺乏而导

致的。人格虽然分裂，但各种独立的系统仍然存在。根据心力说的观点，这个事实表明综合力并未丧失，否则系统也不会存在。从事实看来，各种系统的分裂，实际是因为性质上的冲突所导致的。根据同样的理由，各种系统的形成也必然由于其内部分子有一致的性质。所以精神生活的统一和分裂并不是根据心力的有无来决定的。

3. 精神分析学说的弱点

弗洛伊德的学说至少有下面两个显而易见的缺点：（1）这种学说过于简单化。弗洛伊德认为一切精神上的冲突都发生在自我本能和性本能之间。根据这个观点，人格可以分为两部分：一部分属于自我，而另一部分属于性欲。其实天然倾向不止一种，而且除了天然倾向外，还有许多由学习而获得的倾向。这种种倾向都有发生冲突的可能。（2）精神分析学中所用的名词过于神秘化，例如精神分析学派认为在意识和潜意识之间有所谓的检查者，它的任务是压制所有与自我本能冲突的倾向，不让其表现出来。其实检查者不过是一种相反的倾向，而精神分析派却把名称如此神秘化。这是诸多例子中的一个。

4. 生命活力学说的弱点

荣格的生命活力说也有两个显著的缺点：（1）生命活力的性质既然不是固定的，而且其表现的方向可任意决定，那么冲突的现象因何而起呢？这是生命活力说难以圆满答复的问题。（2）荣格把目前的困难视为精神病的原因所在，究竟这种困难如何产生，也是一个尚未解决的问题。目前产生困难的原因，肯定不是完全可以在外界情境中发现的。在同一外界情境中，甲感觉到困难，然而乙则不一定。这要看二人本身的组织而定，而这种组织又由过去的生活所决定，所以荣格所说的生命活力不进则退的理由，仍应当追溯到先前的经历。

5. 个人心理学的弱点

个人心理学的中心概念可以用一句话来概括，就是"自卑情感"和"追求卓越"。这两个概念虽有道理，但也使精神生活过于简单化。在这个缺点上，这种学说与弗洛伊德的学说有相同之处，不过在前者中有尊卑两种情感的对峙，而在后者中则有自我与性欲这两种本能的竞争。

6. 并存意识说和目的说的弱点

前面普林斯和麦克杜格尔二人的叙述仅限于他们学说的特点，其实他们二人都自称为"目的派"（Purposive Group），不过普林斯所说的目的属于获得的倾向（acquired dispositions），而麦克杜格尔所说的目的则属于本能，这是两人目的说的区别所在。就显而易见的弱点来说，普林斯对情结与情系没有适当地加以区分，而且对变态心理现象中的冲突作用与常态心理现象中的抑制作用（inhibition）又没能予以充分的解释，这是并存意识的缺点。麦克杜格尔学说的重心是本能说，其实在人类的行为中，本能所占的位置并不是很重要，所以这种重心不能成立，该学说的基础也因此不得不有所动摇。

参考文献

Adler, A., & N. Y. Moffat, Yard. (1917). The Neurotic Constitution.

Fearing, F. , Bailliere, Tindall & Cox. (1930). Reflex Action.

Freud, S. , & F. Deuticke. DreiAbhandlungenzurSexualtheorie.

Hollingworth, H. L. (1920). The Psychology of Functional Neuroses.

Idem. , &Munchen, Bergmann. Praxis and Theorie der Individualpsychologie.

Jung, C. G. , & N. Y. , Moffat, Yard. (1916). The Psychology of the Unconscious.

Jung, C. G. , &Rascher. (1930). PsychologischeTypen.

McDougall, Wm. (1926). Outline of Abnormal Psychology. (Charles Scribners Sons.)

Pavlov, I. P. (1928). Conditioned Reflexes. (Translated by G. V. Anrep.) (Oxford University Press.)

Prince, M. , & Macmillan. (1914). The Unconscious.

第六章　诊断与检验

一种神经病的诊断，有时就是认识某种病属于何种类别。例如认识到某病是癫痫病就是一种诊断。在有些精神病中，尤其是在一切机体的精神病中，医生必须作局部的诊断，然后再作病理的诊断。这就是说，病的部位与性质都必须确定。诊断的方法包含下述几种程序：一是调查、二是神经检查、三是生理检验、四是心理检验。

一、调查

所应调查的事为患者的家庭历史，个人历史及他精神病发展的状况。

在调查家庭历史时，所问的问题需有条理。每一位家族中的人应有单独的调查。在有可能时，患者的子女、兄弟姐妹、侄辈、父母、祖父母、伯、叔、姑、堂兄弟姐妹及母舅家中具有同样关系的亲属，都需调查。

关于每一位家族中的人，我们都应将他的姓名、性别、出生地、年龄（或死时的年龄）、死因、教育、职业、与婚姻状况分别记下。

所应特别询问的事包括下列各项：精神病的初起时期，初起情形，主要现象，发展进程，停止时期及复发情形；癫痫病及其他可能有关系的病，如儿童时期的痉挛、昏迷、偏头痛、间歇的酒癖；发展的阻滞（其表现为：开始行走过迟与开始说话过迟，而在身体方面并无缺陷），学校成绩差，工作失败；自杀方法与其近因（知道则必须记下）；较轻的精神病，神经虚弱（nervous prostration）与精神神经病（psychoneuroses），癔症，神经衰弱病（neurasthenia），精神衰弱①（psychasthenia）；酒精成瘾或药物成瘾的分量、次数及停止的时期；反社会的特性（anti-social traits），犯罪、虚伪、卖淫、居无定所②、非身体缺陷而有的贫困；性情上的变态，例如不适当的易怒性，反复不停的愁闷，忧虑或忧郁的倾向，过度的宗教热忱，吝啬及其他怪癖；性的变态；有喘息、头痛及循环的呕吐。

如果有曾进医院或牢狱的事实，也都需要记载，并注明其日期及其他的情形。

如果儿童有全身瘫痪病一类的事件，则有遗传的梅毒问题发生。患者的家庭历史当然有助于这一问题的解决。

上述各种情形如果仅根据报告而记录，未必可靠。在可能时必须对于各人的生活情形加以简单的描写，以表明这种记录的可靠性。

---

① 特编注：此处原著提法为"心理衰弱病"。
② 特编注：此处原著提法为"浮浪"。

在调查患者本人的历史时，下列各种问题值得考虑：

（一）患者在胎儿期中有无下列各种情形：传染，子痫①（eclampsia），母亲的创伤②（traumatisms），脑积水③（hydrocephalus）或其他胎儿病。在生产时有无下列各种情形：早产，难产，或因应用工具而致头部受伤。在婴儿期或儿童期中有无下列情形：脑膜炎（meningitis），百日咳（whooping cough），加上脑病。

（二）在精神病发生以前，在患者的本质组织上有无变态的现象？婴儿期，儿童期或以后的痉挛；忽来忽去的昏迷；开始行走过迟或开始说话过迟；学校成绩恶劣；工作失败；反社会的性质（犯罪、虚伪、卖淫、居无定所）；性情上的变态（过度的易怒性，反复不停的忧郁或忧虑的倾向，隐居④的倾向，过度的宗教热忱，吝啬或其他奇怪的性情与两性的变态）。

（三）患者对于酒精的使用有何习惯？其原因何在？（家庭苦痛，失业，商业失败，社交）酒精的应用为有规则的（每日，每周末）或为偶然的？饮用何种饮料？饮用多少？曾经是否饮醉？如果是，已有多少次？这种饮酒的习惯，曾经是否影响患者的食量或健康？这种习惯曾经是否使他损失应当工作的时间？在精神病发生以前的情形尤其应当有详细的叙述。

（四）关于传染花柳病的事，应有详细周密的调查，尤其是

---

① 特编注：此处原著提法为"孕期中的痉挛"。
② 特编注：此处原著提法为"伤损"。
③ 特编注：此处原著提法为"水脑"。
④ 特编注：此处原著提法为"蛰居"。

梅毒。传染的日期与来源，其表现的现象，是否立刻医治？如何医治？医治是否彻底？这种医治是否是有系统的，长时期的，并且有血清的控制？血清的检查是否最后为负而且继续如此？

（五）患者曾经是否患有脑部的损伤？他在受伤以后是否立刻昏迷不省人事，或经过一些时间才有这种状态发生？这种昏迷状态延续多长时间？在清醒以后有何症状产生？脑骨有无破裂？患者是否经过手术？他最后是否恢复原状？

（六）对于患者的养育与两性关系，家庭及工作的生活应当加以调查。

精神病的历史应当包括下列各项：以前有无精神病的侵袭；每次侵袭的原因、日期及其情形，主要的现象，发展的进程，延续的时间与结果；这次侵袭的临时原因；此病初起的日期及其他表现的情形（突然的或逐渐的）；最早发现的现象；主要的情形；在入院以前所受的治疗；入院的原因。

二、神经检查

（一）瘫痪

其检验的方法，是使患者在各种方向中移动他的臂腿、躯干、头部、面部肌肉、眼睛、舌头等部位。如果有瘫痪的症状表现，则其程度可用测力计[①]（dynamometer）测量。平常的手力测量器，可用来测量屈肌[②]（flexors）瘫痪的程度。成人平均

[①] 特编注：此处原著提法为"量力器"。
[②] 特编注：此处原著提法为"缩肌"。

的压力在右手为 40～50 千克①（Kilograms），而在左手即少 3～5 千克，女子的平均压力约等于男子的平均压力的三分之二。如果让患者尽力握紧医生的手，则他瘫痪的大概情形可以观察到。诈病者或患癔症的人，常在不知不觉之间使用很大的力气而自己没感觉到。医生也可应用各种方法检验患者腿部的力量，例如使他一只脚站立，或站在椅子上或举足衔物等等皆是。

如果瘫痪已经发现，则它的程度与种类必须得到确定。瘫痪症可分为四类：

1. 上神经元类②（An Upper Neuron Type）

关于这类疾病，是由于脑脊髓运动神经元③（Cerebro-Spinal Motor Neurons）受伤所致。这种瘫痪多为半身不遂的现象，且有痉挛，深反射过度④（Exaggerated Deep Reflexes）及皮肤反射减弱⑤（Lessened Skin Reflexes）的现象同时发生，这种种反射将于以后叙述。肌肉并不萎缩或表现退化的电气变化。

2. 下神经元类⑥（A Lower Neuron Type）

属于这类的瘫痪由于伤及脊髓前角细胞（Anterior Cornual Cells），或其前根，或脑干⑦中与此相对的部分（The Corresponding Parts of The Brain Stem）所致，受伤的神经所支配的

---

① 特编注：此处原著提法为"克"。
② 特编注：此处原著提法为"上神经原类"。
③ 特编注：此处原著提法为"脑脊动作神经原"。
④ 特编注：此处原著提法为"过度的深反射"。
⑤ 特编注：此处原著提法为"减少的皮肤反射"。
⑥ 特编注：此处原著提法为"下神经原类"。
⑦ 特编注：此处原著提法为"脑茎"。

肌肉表现瘫痪的现象。这种瘫痪有柔软性，且有萎缩现象及退化的电气反应同时发生。

3. 混合神经类（A Mixed Nerve Type）

其现象与下神经类相似，不过此外还有感觉上的症状，如疼痛与麻木即时。

4. 心理类（A Psychic Type）

这种瘫痪是一种因心理作用而产生的结果。它的现象有时为半身不遂，有时为下半身的瘫痪，有时为一侧肢体的瘫痪，同时常常有麻木症发生，但无痉挛或萎缩的现象。

瘫痪症很少是一种独立的现象，当它发生时常有肌肉状态与姿势的变化，而且在反射、营养、血脉的情形及肌肉的兴奋性方面都有变态现象产生。

（二）反射

反射有四种：即表面或皮肤反射（skin reflexes）；深反射（deep reflexes）；内脏反射①（visceral reflexes）；脊髓自动反射（the spinal automatic reflexes）。下面所述限于前两种。

1. 表面反射

表面反射由抓、扭或刺激皮肤而产生。其结果为感受刺激的肌肉或与它接近的肌肉的收缩。平常可以引起的表面反射为肛门反射（anal reflex）、球海绵体反射②（bulbo-cavernous reflex）、足底反射（plantar reflex）、提睾肌反射（cremasteric re-

---

① 特编注：此处原著提法为"脏腑反射"。
② 特编注：此处原著提法为"珠穴反射"。

flex)、上腹反射①（epigastric reflex）、腹壁反射（abdominal reflex）、肩胛反射（scapular reflex）、抓握反射（palmar reflex）与几种头部反射（cranial reflexes）。

肛门反射由会阴（perineum）被挠而产生，肛门括约肌②（sphincter ani）因此收缩。

引起球海绵体反射的方法是置一指于阴囊后的尿道处并且刺激龟头，这种刺激能使球海绵体肌③（bulbo-cavernous muscle）收缩。

足底反射可由足底被人呵痒或抓挠而产生，此时足趾稍有弯曲。人大多没有这种反应。就易于激发的人与儿童而论，其现象是足部突然向后的弯曲，而且常有内腿筋同时收缩的现象。倘若病在脊髓的锥体束④（pyramidal tracts），与大脑的动作中枢及其神经道中，则大脚趾向后伸直，而且有时其他各指都张开如扇，这是所谓"巴宾斯基反射"⑤（Babinski Reflex）。

提睾肌反射是由大腿的内部或它上前部的皮肤被挠所致，当时属于同侧的睾丸因此而提起。

腹壁反射是腹直肌（abdominal recti muscles）的收缩，这种现象由直肌外方的皮肤感受刺激而产生。

上腹反射是直肌上部纤维的收缩，是由它上方的皮肤感受

---

① 特编注：此处原著提法为"下腹反射"。
② 特编注：此处原著提法为"肛门缩肌"。
③ 特编注：此处原著提法为"珠穴肌"。
④ 特编注：此处原著提法为"棱锥道"。
⑤ 特编注：此处原著提法为"白氏反射"。

刺激而产生。

肩胛反射是肩胛肌感受刺激而产生的收缩现象。

抓握反射可由刺激掌部而引起。只有婴儿有这种反射，它的现象为手掌的弯曲。

头部反射有下列几种：（1）角膜的（corneal）与结膜的①（conjunctival）反射，这是指在角膜或结膜受轻触时（通常是用棉花）眼睑的收缩；（2）瞳孔皮肤反射②（pupillary skin reflex），这是指抓挠颈部，面颊或下颌的皮肤而瞳孔因此放大；（3）眶上反射③（supra-orbital reflex），是由眶上孔④（supra-orbital foramen）受轻击而产生；（4）鼻翼反射⑤（the naso-mental reflex），是指鼻的侧部受到轻击而提下唇的肌肉因此收缩。

表面反射有赖于脊髓反射弧的健全性，而与大脑的影响的关系较少。这类反射的存在可以表示这种种冲动所经过的脊髓必定健全；但如果它们不存在，也没有严重的意义，因为这类反射因人而异，而且因年龄而有差别，在年龄较小的人中，这类反射较为活跃。患脑偏瘫⑥（cerebral hemiplegia）症的人在有剧烈的侵袭时，或在以后，在患病的那一侧没有腹壁反射的表现。患严重的半身不遂而且伴有昏迷症的人，常常没有上框

---

① 特编注：此处原著提法为"眼睑内膜"。
② 特编注：此处原著提法为"瞳人皮肤反射"。
③ 特编注：此处原著提法为"上框反射"。
④ 特编注：此处原著提法为"上框孔"。
⑤ 特编注：此处原著提法为"鼻颐反射"。
⑥ 特编注：此处原著提法为"大脑半萎"。

反射。

2. 深反射

深反射常有肌腱反射（tendon reflexes）之称。这种名称并非完全正确，因为这类反射不仅可由肌腱受到轻击而产生，也可由骨膜（periosteum）或肌肉感受到轻击而产生。在这些情形中，深反射不是真正的脊髓反射，而是震动或突然的伸张对于肌肉的直接影响所致。但深反射也可表示反射弧的健全性。

重要的深反射有膝腱反射（patella-tendon reflex）或膝跳（knee-jerk）反射；踝反射（ankle reflex）或踝跳（ankle-jerk）反射；二头肌①（biceps）、旋后肌②（supinator）、旋前肌③（pronator）与三头肌（triceps）的反射；肩胛肱骨反射④（the scapulo-humeral reflex）；下颌反射⑤（jaw reflex or chin-jerk）；光反射或瞳孔反射⑥（light or pupillary reflex）；眼心反射⑦（oculocardiac reflex）。除下颌反射外，其他各种反射都是身体健康的人所必须具有的。所谓调节或会聚反射⑧（accomodation or convergence reflex）并非一种反射，而是一种连带的运动。

这些反射具有诊断的价值，因为它们在有些病中没有产生

---

① 特编注：此处原著提法为"两头肌"。
② 特编注：此处原著提法为"转掌向上肌"。
③ 特编注：此处原著提法为"转掌向下肌"。
④ 特编注：此处原著提法为"肩膊反射"。
⑤ 特编注：此处原著提法为"颌反射"。
⑥ 特编注：此处原著提法为"瞳人反射"。
⑦ 特编注：此处原著提法为"目心反射"。
⑧ 特编注：此处原著提法为"顺应或幅合反射"。

的可能，而在其他病中则有过度的表现，且在某些情形中，又有新反射出现。所谓新反射即指霍夫曼反射①（the hoffmann reflex），踝阵挛②（ankle clonus）及其他瞳孔的反应。

膝跳是大腿前侧肌肉的收缩，这种反射可用下面所述两种方法引起：(1) 使患者的小腿下垂与大腿成直角而击打其膝腱；(2) 使患者的小腿取上述的位置而击打此肌肉的下部。

二头肌，旋后肌与旋前肌三种反射都是常态人所具有的，这是巴宾斯基③（Babinski）的意见。前两种是由轻击稍屈的二头肌的下腱与旋后的长肌的下部而得，第三种反射是由轻击尺骨下头④（lower head of the ulnar bone）而得。三头肌反射也有肘跳（elbow-jerk）之称。引起这种反应的方法是使患者的下臂下垂，与上臂成直角，然后击其三头肌的腱。这些反射也是身体健康的人所应有的。

下颌反射也有颌跳（jaw-jerk）之称。引起的方法是使患者张开嘴并放松下颌部，放置一扁平的物体于下颚的牙齿上，然后加以极灵敏的轻击，则下颌的升肌将因此而收缩。

光反射可由光射入眼部而引起。调节的反应可由远近两种距离的观察而引起，常态的瞳孔在远视时必放大而在近视时必收缩。如果光反射已丧失，但是调节的反应仍然存在，则这个情形称为"阿罗瞳孔⑤"（Argyll-Robertson Pupil）。

---

① 特编注：此处原著提法为"何父曼反射"。
② 特编注：此处原著提法为"踝节拘攀"。
③ 特编注：此处原著提法为"白宾士刻"。
④ 特编注：此处原著提法为"颥骨的下头"。
⑤ 特编注：此处原著提法为"阿罗瞳人"。

引起眼心反射的方法是紧按一个或两个眼球，此时心跳的速度因此降低。这种反射在运动性共济失调①（locomotor ataxia）中常常不能产生。

霍夫曼反射是一种病态的现象，它检验的方法是对中指的第三指骨予以极锐利的打击，然后食指与拇指则因此而弯曲。这种反射的出现常常表示锥体束的损伤，但也可能没有这种意义。

踝阵挛检验的方法是使患者采取坐的姿势然后伸腿为半曲式，不可移动，医生握住他的大脚趾与足跟，突然使足部向腿弯曲。这一程序是使腓肌突然伸张，因此就有表现节奏的收缩现象产生。这种现象是身体健康的人所没有的，其原因是皮质脊髓束有所损伤。此外又有所谓伪痉挛（pseudo-clonus）的现象，这是指在足部突然向后弯曲时有表现节奏的收缩动作出现，但是随即消减。这种现象发生于疲乏与中毒的情形及癔症中。

深反射的反应可以过度，可以不及，可以两侧不均，可以完全消减。其出现的时间可以过于缓慢。其过度的表现常为常有的现象，而无诊断的价值，至于反射两侧不均或完全消减的事实，则是我们所应特别注意的。

三、生理检验

体内一切的进程都是化学的变化。我们由身体中的化学事实，不仅能查看人的现状，而且可以推知他以往的历史。在许

---

① 特编注：此处原著提法为"运动失调症"。

多事件中，人的血清与他身体上化学的反应可以表现他以前所患的病症。例如三十年前所患的梅毒仍可于今日的血清与脊髓液中查看到。

我们也可以根据身体中的化学作用来确定人是否是常态的，有些精神病已经证实了这一点。酒精中毒的人富于幻觉，而且全身颤栗，这是明显中毒的结果。患甲状腺过度庞大的人，易于激怒，这则是由于甲状腺的化学作用过于强烈所致。此外还有其他各种精神病也可以用化学作用解释。

下列各种化学检验是应用于精神病诊断学中的：

（一）血的检验

血的检验可使我们对于患者的身体获得最多的知识。血的功能极多，例如运输化学物质来输送营养给全身的细胞；运输能量来顺应身体燃料的需要；运输酶①（enzymes）来刺激体内的消化进程；运输内分泌腺来增减身体进程的速度；运输疲劳所产生的废物质与负荷外来或体内的毒质等等。这些事实可以表明血的功能的重要性，所以我们在研究一种精神病时也必须有血的检验。此举其重要的检验方法于下：

1. 梅毒传染检验

华氏反应（Wassermann reaction）与康氏试验②（Kahn test）是两种通用的方法。当人传染梅毒时，其血内产生一些抗毒素，梅毒的检验即在于发现这种抗毒素的有无。

这类检验的重要性在于它有助于全身瘫痪病与脊髓痨

---

① 特编注：此处原著提法为"酵素"。
② 特编注：此处原著提法为"康氏检验"。

(tabes dorsalis）的诊断。在患全身瘫痪病的人中，至少有百分之九十五表现出阳性反应；在患脊髓痨的人中表现出阳性反应的，有百分之五十至七十五。但有阴性华氏反应的患者，在他的脊髓液①（spinal fluid）中仍可表现出阳性反应，所以患精神病的人需要有脊髓液的检验。

2. 血细胞的计算

血细胞的计算即确定红血细胞或白血细胞在一单位容量中的数目。其方法是将一滴血液冲淡，置于显微镜下，然后计算其细胞的数量。精神病中出现最多的现象就是红血细胞的减少与白血细胞的增多。在神经衰弱病与早发性痴呆中常有这种现象，并且红血细胞的血红蛋白②（haemoglobin）也常减少。

白血细胞是驱除血中病菌的工具，所以在多数传染病中，它的数量增加很多。

3. 血糖（Blood Sugar）

在尿崩病中，血糖分量的确定极为重要。尿崩病常有神经症状与昏迷状态的产生，所以血糖的检验或许有助于精神变态现象的解释。

4. 碳氧二化合物

在今天的医学中已有方法确定血液运输碳氧二化合物的能力，其结果可以表示体内疲劳的状况。这种测验也许可用为诊断神经衰弱病的工具，而且可以指示治疗的途径。

---

① 特编注：此处原著提法为"脊液"。
② 特编注：此处原著提法为"赤色质"。

(二)脊髓液的检验[1[(Spinal Fluid Tests)

神经系统全部浸润于一种液体中,这种液体的主要功能是防止神经系统感受震荡的影响。这种液体既然与神经细胞的组成具有这种密切的关系,神经系统中的疾病当然也可影响其化学组成,因此脊髓液的检验颇为重要。汲取脊髓液的程序是于脊柱的腰部刺穿一个孔,取出少许脊髓液。一种重要的脊髓液检验为华氏反应,前面已叙述。其他具有价值的检验如下:

1. 郎氏胶体金试验[2](Lang's Colloidal Gold Test)

这种测验的程序是备十个玻璃管排成一行,每个玻璃管含有五立方毫米的胶体金溶液[3](colloidal gold solution)与一立方毫米的脊髓液。这些脊髓液应以生理盐液冲淡,冲淡的比例自第一个玻璃管1:10起至第十个玻璃管1:5120为止。检验的程序是于二十四小时后进行,各个玻璃管中反应的强度为其颜色所支配。常态的脊髓液在一切玻璃管中都保留其原有的红色,这是零度或负反应;其稍正的反应为一度,有带红的蓝色;更正的反应为二度,有紫色;其次为三度,有蓝色;再其次为四度,有淡蓝色;最强的反应为五度,无色。各种玻璃管的度数绘为胶体金曲线[4](colloidal gold curve),精神病的胶体金曲线有相同的,有各异的。

2. 脊髓液细胞的计算

---

[1] 特编注:此处原著提法为"脊液的检验"。
[2] 特编注:此处原著提法为"兰氏科金检验"。
[3] 特编注:此处原著提法为"科金液"。
[4] 特编注:此处原著提法为"科金弧线"。

脊髓液细胞的增加发现于下列各病中：一切全身瘫痪病与脑梅毒①（cerebral syphilis），大多数剧烈的昏睡性脑炎②（lethargic encephalitis）及脑膜的剧烈传染病。红细胞的存在表明脊髓液含有血液，这种现象于脑部或脊髓受伤，有瘤及失血时有，常态的血液含有少数白细胞而无红细胞。

（三）基础代谢③（Basal Metabolism）

新陈代谢作用的检验可以表示细胞中化学反应的速度。其方法是测量人于绝食六小时后在休息状态中所消耗的能量，所谓基础代谢率就是一个人在一单位时间中实际消耗的能量，与按他的年龄、身高及体重应有的分量的比率。高比率用正值表示，低比率则用负值表示。

基础代谢率对于甲状腺病的诊断极有价值。低比率表示甲状腺的不充足，而高比率则表示甲状腺的过度发展。

（四）血压

血压代表血液对于血管的反应。常态的血压依赖于血管的弹性及心肌的健全性，血压特高的现象常常表示血管的僵化。脉管僵化就是产生精神病的一种原因。衰老症常常同时患有脉管僵化病与高血压。

低血压与不健全的循环系统有关，其对于精神病也有诊断的价值，这种情形在神经衰弱病中是常见的现象，且在早发性痴呆中也常有。

---

① 特编注：此处原著提法为"大脑梅毒病"。
② 特编注：此处原著提法为"昏睡脑炎病"。
③ 特编注：此处原著提法为"基本的新陈代谢作用"。

（五）X 光线的检验

X 光线的检验是诊断与医治头伤与脑瘤时极重要的方法。

（六）检眼镜[①]（Ophthalmoscope）对于眼部的检验

检眼镜是检验眼底的工具，这个工具有一束光射入眼中，使视网膜的情形易于观察。在诊断脑瘤或其他致头盖压力增加的情形时，这种方法极有价值。在这种情形中，视盘[②]（optic disc 即视神经入眼之处）必然肿胀，它的边缘也朦胧不明，且它周围的血管有积血瘀。

（七）对内分泌病的药物检验

内分泌的病症有时需要试用内分泌所制的药材然后观察它的效果，这种病的性质由此可以被发现。这种研究的工作开始不久，所以发现的事实尚且较少。

四、心理检验

心理检验与其他各种检验相同，也应有精密的程序。在讨论各种症状时我们对于各种特殊的诊断方法将有所叙述，此处所述则限于一般的现象。

（一）智力测验

智力测验是测量人所具有的普通智力的工具。有很多患有重要精神病的人同时表现有智力降低的趋势，因此这种测验工具对于研究精神病学的人极为重要。不过我们应当知道，智力的低下不能与精神病相混，这两者并不是可交换的名词。一个

[①] 特编注：此处原著提法为"验目镜"。
[②] 特编注：此处原著提法为"视圆面"。

人可以智力低下而无精神病，如单纯的低能就是如此；然而一个人也可能患有精神病而在多方面仍能保持其普通的智能，如患妄想症（paranoia）的人就是如此。简单言之，低能是指不能运用抽象观念或不能应对新奇情境；而精神病则指人格方面严重的变化。

但是关于智力变化的知识极有助于精神病的诊断与预测，显著的心智退化常是患病颇深的征兆，而且是潜伏性疾病的符号。倘若患精神病的人同时有心智的退化，则他恢复常态的可能性必然很少。

比纳-西蒙测验①（Binet-Simon test）是诊断患精神病的人的智力时最通用的测验。这个量表由许多测验组成，且这各种测验的排列是以年龄阶级为根据。年龄的范围为三岁至十八岁。在多数年龄阶级中，每阶段共有 6 种测验。被试的心理年龄②（mental age，缩写为 M. A.），即所能通过的测验的年龄。他所得的分数常以智商（intelligence quotient，缩写为 I. Q.）表示，他的智商即他的心理年龄对于实际年龄③（chronological age，缩写为 C. A.）的比率。我们根据智商就有了下列的分类：

高于 140 ································· 天才
120～140 ································· 最高智商
110～120 ································· 高智商

---

① 特编注：此处原著提法为"比西测验"。
② 特编注：此处原著提法为"心龄"。
③ 特编注：此处原著提法为"历龄"。

90～110 ……………………… 中智商

80～90 ………………………… 迟钝

70～80 ………………………… 近于低能

少于 70 ………………………… 低能

根据一般研究的结果，患精神病的人的成绩所表现的分散度（Scatter）相比于正常人较高。所谓分散度的意义可由下面的话得知：倘若被试不能通过的测验限于量表中的少数年龄阶段，则其分散度很低；如果他不能通过的测验是分配于许多年龄阶段中，则其分散度很高。在此举一个具体例子：某人年龄二十五岁，被诊断为患有早发性痴呆。他在比纳测验中的成绩表现为下述的现象：

八岁及其以下的阶级 ……………… 能通过一切测验

九岁阶级 ………………………… 在六个测验中通过五个

十岁阶级 ………………………… 在六个测验中通过四个

十一与十二岁阶级 ……………… 在八个测验中通过五个

十三与十四岁阶级 ……………… 在六个测验中通过一个

十六岁阶级 ……………………… 在六个测验中通过一个

这个人的智力年龄为十一岁六个月。这是在测验成绩中的最高分散度的一个例子，这种情形或许是由于智力在各方面退化的程度不同所致。

（二）人格特质的测验

情绪特性与人格特质的变态是精神病最显著的现象。这种现象的性质不一：有思想与情绪两相分离的；有任何刺激足以引起情绪的反应的；有联想奇特的；有情绪退化的。

我们不仅对于异常的反应有一定程度的认识，而且异常的程度也应有数量上的确定。例如联想的测验不仅应使我们知道某人的联想是否异于常人，而且应当使我们知道此人的联想究竟与常人的联想相距多远。可惜以前对于这方面的研究尚且没有圆满的结果。下述两种测验可以代表在这方面的努力。

1. 内倾－外倾特质评定量表①（Scale For Measuring Intro-version-Extroversion Qualities）

莱德②（Laird）编制了一种测验，以确定人的情绪态度究竟属于内倾（introversion）还是属于外倾（extroversion），所谓内倾是指情绪有表现于内的倾向；而所谓外倾即指情绪有表现于外的倾向。这两种倾向在正常人中也常有，不过我们不能将所有人分成这两类，而且这两种倾向还有不同的程度，表现出极端倾向的人才可以视为变态。在精神病中，可以代表内倾一类的有早发性痴呆，退化抑郁症与妄想症；至于躁狂抑郁症与某几类的全身瘫痪病则可代表外倾一类。

莱德在研究属于各种人格类型的百余种特质之后保留了大约四十一种，列在一张表里（参看下表）。表中的一端为内倾，而另一端则为外倾。根据莱德的意见，此表可用来确定人的倾向。

    人格记录表（Personal Inventory）
所报告者 ……………………………………
报告者 ………………………………………

---

① 特编注：此处原著提法为"内倾与外倾的量表"。
② 特编注：此处原著提法为"勒阿德"。

日期 ……………………………………

地点 ……………………………………

（指导语：回答下列各问题以描写所报告者的性格。在每个问题后面有五句短语，每句短语上有两条横线表示程度的差别，左边的较之右边的或者高或者低，视这五个语句的次序而定。在读完每个问题后的语句时，考虑所报告者在最近数月中的生活情形以决定哪种语句能够描写正确，于是在其横线上作一（V）符号。应当考虑所报告者的通常行为与想法。这种报告无时间限制，在作符号以前，需要读完问题后所有的语句，只描写所报告者在最近数月中的通常想法与行为。在回答每个问题时，只能作一个符号。）

按所报告者的状态在横线上作一符号，只需要考虑在他最近数月中的状态。在作符号以前，需要将每行仔细读过。

1. 他每日所做的工作是否无间断？	‾连续工作至毕而止	‾有时停止	‾时作时断	‾常想着交谈休息	‾无故停止
2. 他对于不幸事件的态度如何？	‾极多忧虑	‾有时谈及忧虑的事	‾似乎抑制忧虑	‾很少忧虑	‾认为世间无忧虑的事

续表

3. 凡与他有关的言辞或动作对于他的情感有何影响？	每次受激动极易发怒	偶尔，有时候扰乱	很少激动	— —	完全不激动
4. 他如何体谅别人的情感？	直言而不顾他人的情感	大多直言无忌	偶尔，有时体谅他人	坦白而机警	竭力避免伤人感情
5. 他的社交如何？	常处领袖地位	善于交际	交友有限	常回避	害羞所以难以与人社交
6. 他对于做事的记忆如何？	时常忘记	偶尔，有时遗忘	遗忘次要的事	常能记得	很少有遗忘
7. 他的谈风如何？	喋喋不休的	善于辞令的	倾向于倾听的	只答复问题的	寡言的
在作符号时需要彻底了解每行的意义，同时需要注意所考虑的事仅以最近几个月为限。						
8. 他是否时常找寻理由来解释他的动作与决断？	解释过分	解释多数事件	解释某些重要事件	很少解释	任性行动

续表

9. 他对于借贷的态度如何？	有求必应	借钱给人颇为容易	—	少有借钱给人的事	从未借钱给人
10. 他对于惩戒和督促的态度如何？	绝对服从	常自愿服从	周密而慎重地付出	怀恨但仍服从	置若罔闻
11. 他对于赞许的反应如何？	他的工作反而比从前逊色	与以前相同	有时比以前优秀	常有进步	大体优于以前
12. 大致而言，他的行动如何？	迟缓而且周密慎重	急促之时很少	不浪费时间	常常很迅速	不思考就行动

按所报告者的状态在横线上作一个符号，只需要考虑他最近数月的状态。在作符号以前必须仔细看过每行的文字。

13. 他是否怀疑别人？	多疑	有怀疑别人动作的倾向	企图揭破他人的重要动机	对于别人的动作具有兴趣	对于别人毫不关心
14. 他和别人的交谈如何？	回答别人的问题	沉思寡言	与至交则交谈	语言流利	多言

续表

15. 他对于宗教及社会变化等问题的反应如何？	促进激烈的变化	赞成许多变化	表示很少的意见	赞成保守的意见	极保守的人
16. 他是否常有独自工作的倾向？	常常独自工作	请求帮助的事很少	有时求助于人	毫不犹豫求助于人	受助极多
17. 他的衣着和仪表如何？	似乎不崇尚时尚的样式	以适体为标准	衣着整齐	注意衣着	装饰极其时髦
18. 他对于用具、首饰等物件的注意如何？	稍有损坏即加以修理	仅注意高贵首饰	注意的时候很少	常轻视忽略	极为轻视忽略
19. 他对于运动与求知两事的兴趣如何？	最喜运动	大部分的兴趣为运动	二者并重	除闲暇时大部分时间为读书	喜欢理智的问题

续表

20. 失败对于他的行为有何影响？	忧闷不乐	常常忧虑	有时，偶尔抑郁颓丧	忧闷不乐的时候很少	全无影响
21. 他对于忧虑和困难的叙述如何？	畅述他所有的困难	常常谈及他所忧虑的事	有时，偶尔讲述他的困难	很少讲述他的困难	完全不讲述他的困难
22. 他对于异性的交往如何？	回避	与异性交往似乎有不适	不追求异性	乐于与异性交往	常常寻求异性
23. 在危险与艰难窘迫的情境中他的举止如何？	沉着与镇定	善用思想	力图镇静	气馁而且不稳定	完全不知所措
按所报告者的状态在横线上作一符号，只需考虑他在最近数月中的状态。在作符号以前须将每行仔细看过。					
24. 在需要勇敢时他的举止如何？	不顾利害率性而行	坚毅而镇定	气馁但不畏缩	在可能时设法避免	回避一切困难

续表

25. 他对于别人的厄运作何反应？	易感而流泪	表示同情与仁爱	当别人受苦时也感到不快乐	仅在相互了解的朋友受苦时才忧愁	无动于衷
26. 在许多不相识的人之前他的举止如何？	手足无措	微露气馁	多半不加以注意	继续工作而无惊扰	似乎毫不注意
27. 他是否善于公开谈论？	寻找谈话的机会	可谈则谈	气馁而迟疑	在公共场所不能坦然讲述	回避
在作符号时务必看过每行的语句，且须注意所列情景仅以最近数月为限。					
28. 在需要毅力时他的态度如何？	沉着镇静与坚定	可靠	无把握但决定做他分内事	气馁且不可靠	一蹶不振
29. 他对于销售货物的态度如何？	销售成绩极低	厌恶销售	有必要则销售	有机会则销售	随时销售
30. 他擅长何种工作？	粗笨的工作	畏惧烦扰	—	刻苦耐劳	精确仔细

99

续表

31. 他对于辩论的态度如何？	寻找机会	口头承担自己的主张	不得已之后口头承担	立即放弃争端	避免一切争论
32. 他与他的伴侣在学问上比较如何？	远胜于他们	稍胜	大约相等	稍差	远不及
33. 他对于交友的态度如何？	极谨慎	必须相识很久	择交时仍谨慎	易于交友	人尽可友

按所报告者的状态在横线上作一符号，只需考虑他在最近数月中的状态。在作符号以前，须将每行仔细读过。

34. 他与他的伴侣在身体上的比较如何？	远胜于他们	稍胜	大约相等	稍差	远不及
35. 如果没有显著的原因，他的性情有何变化？	常从忧闷到欣喜	稍有变化	—	性情变化很少	性情恒久不变

续表

36. 如有某种原因他的性情有何变化?	反应迅速	易受影响	须有充分理由才改变	很少变化	完全不变化
37. 他对于自己的能力作何估计?	轻视自己	极谦逊	自信	深信自己的能力	颇为自负
38. 他是否害羞?	可因微小的原因而害羞	易于害羞	有时如此	很少	从不害羞
在作符号时需看过每行的语句,且须注意所考虑的事仅以最近数月为限。					
39. 在说写两种表达方式上,他哪一种表现更好?	以写为优	喜欢写	两种相同	喜欢说	以说为优
40. 在事情做错时他将如何?	对它悲伤	引以为虑	设法矫正它	仅考虑片刻	完全不烦恼

101

续表

| 41. 他对于施与的态度如何？ | 很少去做 | 能施与但非所自愿 | 仅施与朋友 | 很少迟疑 | 随时去做 |

2. 联想测验法

观念集合的形成常被情绪所支配，而情绪又是人格的基本元素，所以我们对于人的联想进程如果有彻底的知识，则也可据此了解他的人格。人的联想虽然非常复杂，但是有些观念集合或情结具有特殊的能量。我们根据联想的分析可以确定这特殊的观念团体或情结的性质，由此来了解其人格。

联想研究的方法有二种：一是间断刺激法[①]（the discrete stimulus method），二是连续刺激法（the continuous stimulus method）。

（1）间断刺激法

间断刺激法也有两种：一是个别联想在意义上的分析，这个方法是荣格[②]（Jung）所用的；二是罗莎诺夫（Rosanoff）所发展的统计方法。在此分别叙述于下：

（a）荣格分析法——荣格应用一百个词[③]，使它们可以引起多数普通情绪。其程序大致如下：被试在听见每一个刺激词时必须用他所想起的第一个词作答，主试记下他的反应及他所需的时间。刺激词如果与被试的情结无关，则他反应敏捷。而且

---

① 特编注：此处原著提法为"分离刺激法"。
② 特编注：此处原著提法为"荣赫"。
③ 英文单字在译成中文时常变为词。

此反应词通常是一般经验中与刺激词具有关系的。

刺激	反应
桌	椅
窗	房
头	发
面包	吃
草	绿

有几种反应是荣格认为表示情绪的，在正常人中也有一部分反应属于此类。只有当特殊的反应过多时，才是人格不稳定的现象。我们对于这种反应加以分析，则患者的情结可以大致确定。指示情结的反应有下列几种：

A. 延滞的反应——对于一个刺激词反应的延滞，表示情结已经被此刺激词所触发。荣格认为反应延迟的原因是情绪阻塞的影响。被试当时所感觉的情绪正与以前的刺激产生相同的扰动，凡受到扰动的人都不能思考。这不是因为他缺乏思考的能力，是因为他当时的情绪起伏发生扰乱的影响。这个人可能对这种延迟现象能作种种解释：或说当时无言以对，或者说观念过多而难以选择。不过这种种解释都不是真正的理由，恐怕真正的理由是他情绪的影响。

例如有一个女孩在听见"身体状况"一词时，延迟许久才以"强健"一词答复。主试因为她反应的迟延，询问她对于身体状况的态度，然后发现下述的事实：被试的姑母曾经屡次说她身体衰弱，因此她非常想要矫正这种印象。她反应的阻滞即由这种情绪的影响所致。

103

B. 多数的反应——被试如果不能以一个词反应,而需以多个词反应,则其原因常常如下:被试为某种词所扰动,即以某个词做出反应。但又怕主试能由此反应词推知他内部的状态,于是继续做出反应来掩饰它。

C. 个人的反应——对客观的刺激词而作出个人的反应是自我的表现,这是情结被触发时的一种反应。下面所举的例子表示个人的反应的性质:

刺激	反应
跳舞	喜欢
命运	不可相信
钱	穷,希望我有

D. 刺激词的反复——我们在听见一个困难问题时,常常将此问题反复说出,然后作答。被试如果在联想测验中仅将刺激词说出,则其原因也许是他的情结当时因为被触发,需有一定的时间来恢复其均衡。他如果误听刺激词,或给它以异于寻常的意义,都与这种原因具有密切的关系。

E. 持续言语①(Perseveration)——有时被试对于各种刺激词全部作同一种反应。这个事实表明,一个占有优势的情结被许多没有关系的刺激词所触发。例如,有一个患者有十个反应都为"长"字,而这个字与刺激词全无关系。后来对这个人加以研究,结果表明,"长"字与她的困难具有关系。她经过长时期的工作,储蓄收入为建造房屋所用,在这个长时期过去以

---

① 特编注:此处原著提法为"坚持现象"。

后，正想开始建造，但是却失去了所有的积蓄，因此她必须再经过很长时间以后才能实现她的愿望。这段事实常常占据她思想的中心，所以也难怪平时"长"字多次出现在她的联想中。

F. 表面的联想——被试在他的情结被刺激词所触发时也常以表面的联想来作出反应。所谓表面的联想，即具有偶然的性质而与刺激词无关的联想。被试可以择取任何事物作为反应词，例如：

刺激	反应
头	墙
缘	纸
水	窗
唱	槛
死	一块玻璃
长	玻璃

这个被试所用的反应词都是预先选定，而与刺激词毫无关系。表面反应呈现出较为复杂联想的词即为与刺激词押韵的词，例如：

刺激	反应
头	楼
缘	鱼
付	做
烹	风
冷	等

G. 反应的缺乏——反应的缺乏也有重要的意义。如果被试

在经过几分钟后还是没有反应,则其原因多为情绪障碍的影响。

H. 回忆的失败——通常所用的程序是进行两次测验,以确定这两次反应的差别。荣格认为第二次反应如果与第一次不同,则其原因必定是情结的扰动。人在情绪扰动时所说的话常易遗忘,并且可能自相矛盾。据荣格研究的结果,正常人中在回忆测验中的反应不同的,不会超过20%;而这种反应在有异常的人中,则达到20%到40%。

I. 附带的情绪反应——如果被试口吃、面红、咳嗽、嗟叹、哭泣、欢笑或表现其他任何的情绪反应,则他当时一定有情结的扰动。至于他情绪反应的特殊意义,则常常难于分辨,所以我们不可任意推断。

由荣格方法而得到的知识是用以确定各种情结的性质与意义的。一般正常人也有情结,而他们的情结也可被这种测验所发现。这种测验的功能在于确定被试的情结是否过多,而进一步的研究就是基于此。只是,在应用这个方法时,必须有相当的技能,刚开始这个测验的人不可根据少数反应而作扩大的推论。

(b) 罗莎诺夫的次数指数——第二种间断法是肯特[①](Kent)与罗莎诺夫(Rosanoff)所发展的。他们应用一百个刺激词(参看下表)测验1000个正常被试,然后将他们各种反应的次数列为次数表。

---

① 特编注:原译为"亨特"。

肯特和罗莎诺夫所用的刺激表

1 掉	26 愿望	51 干	76 苦
2 黑暗	27 江	52 灯	77 钟
3 音乐	28 白	53 梦	78 渴
4 病	29 美	54 黄	79 城
5 人	30 窗	55 面包	80 方
6 深	31 粗	56 义	81 乳油
7 软	32 民	57 男	82 医
8 吃	33 脚	58 叁	83 大声
9 山	34 蜘蛛	59 健	84 赋
10 风	35 针	60 经书	85 帅
11 黑	36 红	61 记忆	86 欢
12 羊肉	37 睡	62 羊	87 床
13 安适	38 怒	63 浴	88 灵
14 手	39 毯	64 茅庐	89 烟草
15 短	40 女	65 速	90 孩
16 果	41 高	66 蓝	91 月
17 蝶	42 工作	67 仪	92 剪刀
18 光滑	43 酸	68 憎	93 静
19 命令	44 地	69 洋	94 缘
20 椅	45 困难	70 头	95 盐
21 甜	46 兵	71 炉	96 街
22 叫笛	47 白菜	72 长	97 帝
23 妇	48 硬	73 宗教	98 酪
24 冷	49 鹰	74 酒	99 花
25 慢	50 胃	75 童	100 懵

应用这个方法所得的结果，须与次数表相比较，由此可以区别普通反应（common reactions）与个别反应（individual reactions）。普通反应可以发现存在于次数表中，且其大部分属于正常；个别反应则不是次数表中所列出的，且多具有病态的特征。

为了寻求事实的正确目的，任何反应如果在次数表中没有相同的形式，而与某字仅有文法上的变异，则可归为可疑一类。

关于个别反应的分类大致如下所述：

A. 刺激字的引申——这就是指反应为刺激字的引申字或在文法上稍有改变的，如食——食物。

B. 声音反应（Sound Reactions）——如果在一对字中，短字的声音有一半与长字的声音相同，且它们的次序也相同，则这种反应列入此类。

C. 字的补充——凡反应字可与刺激字组成一字，特别是名词或复杂名词的，属于此类。

D. 词类——包括冠词、数目字、代名词、助动词、副词、连接词、介词及惊叹词。

E 至 G 是持续现象① phenomena of perseveration 的表现，这种现象产生于注意的活动性特别缺乏之时。

E. 对于前一刺激的联想——这就是指任一个别反应在次数表中与前一刺激有关的。

F. 对于前一反应的联想——被试对于某字的反应或对于它

---

① 特编注：原文译为"坚持现象"。

前一字的反应，如果为表中的某一刺激字且这两者的关系可由次数表中查看，则这种反应属于此类。有时这两种反应都不是表中的刺激字，因此它们关系的存在就毫无疑义。这种反应也属此类，例如：

牧师——父，洋——母。

这里面的母为个别的反应。父与母都不是表中的刺激字，但可断定在这两者之间必有联想的存在，所以在这种情形下"母"可视为对于前一种反应的联想。

G. 之前的刺激的重复——这就是指反应为前十个刺激字中某一字的重复。如果为前一刺激字的重复，则应另立一类。

H. 新造的字（Neologisms）。

I. 不易分类的——这类超过个别反应全数的三分之一。这类反应难有适当的类别。

一种反应常可列到几类当中。为使程序的标准化起见，我们可以根据下列的次序来确定反应的种类。

普通的反应：

1. 特殊的

2. 非特殊的

3. 可疑的

个别的反应：

4. 声音反应（新造的字）

5. 新造的字但无声音的关系

6. 前一反应的重复

7. 重复五次的反应

8. 前一刺激的重复

9. 引申字

10. 非特殊的反应

11. 声的反应（字）

12. 字的补充

13. 词类

14. 对于前一刺激的联想

15. 对于前一反应（根据次数表）的联想

16. 在前的反应的重复

17. 在前的刺激的重复

18. 正常的反应

19. 对于前一反应（不在次数表中）的联想

20. 不易分类的

（2）连续刺激法

这个方法有链式联想法①（the chain association method）之称。被试听见某一刺激词，即以所想到的第一个词反应，而这个反应也是下一反应的刺激词。例如被试在对"桌"字加以某种反应后，还举出这种反应所引起的反应，如此继续进行以至于无穷。对于"桌"字的链式联想，如下面所示的例子：椅—木—森林—绿—草—硬—床—盖—热—冷—雪等。

正常的被试在作此链式联想时也有中止（blocking）的现象，因此就没有关于联想的报告。这个中止的现象常常指示情

---

① 特编注：此处原著提法为"链环联想法"。

结的所在。换一句话说，这个链式的联想最后可与一个不舒适的情结发生关系，但这种情结因为一种阻力而不能出现于意识之中。这种情绪的阻力如果非常大，则被试的联想不能进行，此时主试必须用另一刺激词来恢复他联想的活动。无论联想进程以何词为出发点，情结最终都可以被触发。在许多事件中，情绪的影响不能完全阻止联想的进行，因此被试在踌躇片刻后仍有想法源源而来。联想的趋势如果因为这一踌躇而采取另一途径，则其重要性与完全停止的现象相等，因为制止作用必须极其强烈，然后联想才能完全停止。

连续联想法倘若使用得当，则制止作用的力量最后可以克服，而情结就可以因此而出现于意识之中。被试由此可以察觉到他平日所不能认识的联想。

这种方法还有一个优点可以提及，研究者应用此法可以确定被试的生活中观念集合的性质。如果被试的联想进程虽由各种刺激词开始，但是都以宗教为归宿，则他的思想必为宗教所束缚无疑。政治、游戏、爱情、商业及其他种种的兴趣都可由此表现出来。

读者根据连续自由联想法的描述，也许会把它视为一个简单的方法，但其实常常有异常的困难存在。在我们的思维生活中，我们已经养成一些制止作用以控制思维的进程，某些联想因此而受到抑制，但其他的联想则可自由表现。自由联想法的效力视被试的心理弛展与其联想的自由表现而定，如果被试不能采取适当的态度，则他的联想不能自由流露。但是在应用这个方法时，主试不应特别关注于被试的思维是否自由表现，而尤其应关注于他突然停止的现象的性质及其与某些联想的关系。他联想停止的现象与其思维进程因此而采取的方向具有重要的意义。纯粹的迅速与表面的自由不必具有重要性，被试可在某种范围中表现顺利的联想进程以避免一种不快的联想。

这种事实可用下述的例子表明：有一位青年曾经接受过长时期的联想测验，任何刺激词都可以引起看似无限的联想。这些联想的材料，据一般人看来应与种种情绪的扰动有关系，但这个被试则全无任何情绪的表示。由此可以观察到种种污秽的联想都与他的困难无关。这种种联想的用处在于掩饰具有重要性的联想，简单来说，这就是所谓的防御反应[1]（defense reaction）。

被试的联想进程虽可由任何出发点而达到情结所在之处。然而刺激词如果与情结的关系较近，则联想停止的现象发生较早，因此一般研究者在开始测验时就使用具有重要性的刺激词。发现这种刺激词的方法不一：有取自梦中材料的，也有先用间断刺激法来发现的。

参考文献

Cannon, A., & Hayes, E. D. T. (1932). The Principles and Practice of Psychiatry. *London：Heinemann.*

Dana, C. L. (1925). Textbook of Nervous. Diseases. *William Wood.*

---

[1] 特编注：原文译为"自护之反应"。

Freeman, W. (1933). Neuropathology: the Anatomical Foundation of Nervous Diseases. *Saunders*.

Janet, P. L'etatMentale des Hysteriques. *Paris: Librairie Felix Alcan.*

Noyes, A. P. (1934). Modern Clinical Psychiatry. *Saunders.*

Rosanoff, A. J. (1920). Manual of Psychiatry. *Wiley.*

Strecker E. A., & Ebaugh, F. G. (1925). Practical Clinical Psychiatry. *Blakiston.*

Wallin, J. E. W. Clinical and Abnormal Psychology. *Harrap.*

第七章　精神病的治疗

所有的疾病都应该施以治疗，但是是否有效果则因病而异。如果要求治疗要有效，那么病因的发现是第一前提。在各种精神病中，有病因还没有发现的，也有病因虽然已经发现但治疗无方的。这种情况则有待于他日精神病理学家的努力，而后才能得到相对应的处置。至于现在治疗的方法可分为下述几种：

一、休养

克伦德宁[1]（Clendening）说："凡是讨论治疗方法的书都必须首先讨论休养一事，然后才可以论及其他……床上休养对疾病的益处，相较于其他任何单独的手段对疾病的益处都更多，而且它能够治疗的疾病也较多。这是绝对必要的手段。休养好似能够汲取自然的储备力量，而使其润泽病态的心身。"[2]休息的

---

[1]　特编注：原译为"客能登宁"。
[2]　Clendening, L.: Modern Methods of Treatment (Second Edition), C. V. Mosby Company, St. Louis, 1928, p.19.

价值在于它能使自然发生作用。在顺利的情形下，有许多疾病可以单纯借由自然来治疗。身体的休养可以保留精力，用以抵抗疾病，而不必取用肌肉活动的燃料。心理的休养可以防止忧虑所产生的疲劳的影响。

休养虽然有治疗的效果，然而常常用之过度，这种方法几乎被视为百试百灵的妙术。其实在许多事情中，患者所需要的不是休养本身，而是环境的迁移。例如，患有精神衰弱的人，倘若饱食终日无所用心，那么他的痛苦会比以前更多。

二、药物[①]

药物分为两种：一种是特殊的药物，这种药物有着救济某种特殊情形的功效；一种是交替使用的药物，这种药物尚未发现其特定的作用，不过医生在应用这种药物时希望它能产生良好的影响。治疗精神病的药物中属于第一种的数量有限。

在对神经系统具有特殊功用的药物中，比较重要的有下述几类：

（一）止痛的药物

属于这类的重要药物是鸦片类，而其最通用的则是吗啡。它的重要功用在于抑制大脑全面的活动。这种药物如果有一定程度的分量，那么它所产生的结果是没有梦的睡眠，随意的活动完全停止，呼吸的速度也会因而降低。这类药物主要的优点在于它对于痛觉有特殊的抑制作用。

---

① 特编注：原文为"药料"。

(二) 安眠药[①]（Hypnotics）

在许多精神病与神经病中，有用药物产生睡眠的必要。安眠药对于中央神经系统能够发生抑制的作用，而对于疼痛则没有特殊的影响。并且这种药物如果持续使用则容易成瘾。

(三) 抑制大脑的药

溴化物镇静剂（Bromides）是最通用的药。它的功用在于使活动无法停止的患者能进入镇定的状态。在癫痫病中，这个药应用最多，但应用过久则有中毒的危险。药性较温和的则有 Valerian（缬草），这个药多用于癔症。

(四) 麻醉药（Anesthetics）

麻醉药如果有相当的分量，那么意识作用就会被完全消灭。它的功用在于使必须经历手术的患者不会感到痛楚，且不能发生反射作用。

三、生物学的治疗

所谓生物学的治疗，是指应用血清（serums）、菌毒（vaccines）及其他含有细菌的产物，或者由细菌在动物细胞组织上发生作用的产物。在这些种种方法中，也有能预防疾病的功效的，预防脑膜炎的血清（anti-meningitis serum）的应用即为一例。

最近医治全体瘫痪病的方法，是用疟疾中的活寄生物注射于患者的血液中，使其产生疟疾。这也是一种生物学的治疗方

---

① 特编注：原文为"催眠药"。

法。这种方法所根据的原理是：如果患者的温度增高至一定的程度，并且维持这种温度到相对久的时间；那么全体瘫痪病的病菌即可因此而被毁灭。疟疾媒介的应用则是因为它不是致命的病，而且可以用金鸡纳霜来控制它。

四、无管腺的激素①和分泌

内分泌的研究近来引起一般人的注意。有许多无法治疗的精神病，或可因为这种研究的进步而有治愈的可能。例如阿氏病（Addison's disease），以前认为是没有希望的，而现在则有肾上腺激素（adrenal cortex extract）来救助它。有几种癫痫病可以用副甲状腺的治疗法来控制。前脑下腺（anterior pituitary）的激素则有助于神经衰弱（neurasthenia）的治疗。枯内庭病患者（cretins）可以用盾状腺精来治疗，使得其变成类似正常状态的儿童。这是几个明显的例子。

五、外科手术

在精神病中也有需要使用外科手术的。例如在割去脑瘤以后，由于脑部受压而产生的变态现象就因外科手术而消除。甲状腺如果有极端的过度发展（hyperthyroidism），那么除去它可以使患者恢复常态。

根据科顿（Cotton）的报告，有许多精神病是由于"传染中心"（foci of infection）的毒质所导致。所谓"传染中心"即

---

① 特编注：原文为"精"，改为"激素"。

指生产毒质的部分，例如有病的扁桃腺，牙齿及发炎的盲肠都是。若将这种传染中心移去，那么精神病就可以宣告痊愈。即使是早发性痴呆（dementia praecox）也有用这种方法治愈的。

六、营养学① （Dietetics）

营养学对于下列几种精神病极为重要：

（一）维生素缺乏的病症（Vitamine deficiency disorders）

在这类疾病中有玉米红斑病（pellagra），表现出心理变态的现象，而且这种现象往往颇为显著。医治的方法是给予含有多量维生素 G 的食物，这种维他命又称为维他命 P-P（pellagra preventive）。

（二）糖尿病②（Diabetes）

这种病的原因是新陈代谢作用不良，这个病最后可以产生一种昏迷的状态。在这种情形中，身体失去了消化糖类的能力。患病较轻的人可以食用含有碳水化合物较少的食物来治疗，较严重者必须用胰岛素（insulin）来治疗。这种药即肾腺的兰格汗斯岛（Islands of Langerhans）的激素，具有减少血糖的功用。这是治疗糖尿昏迷病的主要药品。

（三）血管过度紧张的病症（Diseases insolving hypertension in blood vessels）

血压过高的原因各不相同：或者是因为中风，或者是因为血管的僵化，或是因为脑部的失血。普通医治的方法是减少其

---

① 特编注：原文为"饮食卫生法"。
② 特编注：原文为"尿崩症"。

食物中所含的蛋白质和盐。根据一种学说，蛋白质可以使血压增高。减少食物中的蛋白质的治疗法就是以这种学说为根据的。这种方法的效力虽然尚且未能完全否认，然而近来已经有几种研究的结果似乎令它的价值非常值得怀疑。血压过高的患者往往有过度肥胖的趋势，所以他们的进食的分量应该稍微减少。在患有血管僵化症者的血液中氯化物的分量很多。摄入盐量的减少，能够使得其肾部的工作因此而减轻。

（四）癫痫病

癫痫病有时也用特殊的营养学来治疗。适宜的食物似乎是富含脂肪而少含碳水化合物的。

在离开本题之前，我们应当提到绝食这件事，这是精神病患者的一种反应。而在抑郁的精神病中竟是一种常见的现象。倘若患者的身体仍然处于健康的状态中，那么可以任他绝食。等到他食欲恢复时，虽然想要绝食但是也不能控制住自己了。但是如果患者绝食太久，或者他身体虚弱，那么就有必要应用管饲（tube feeding）的方法了。

七、冷热浴和光疗法

此类治疗就是使得身体接近冷热两种温度的方法。用在精神病患者身上有热、冷浴法，各种喷浴法，湿包，连续浴以及热气或电流箱中的汗浴。浴法的功用或在强身、或在排泄、或在安神、或在刺激。视水的温度、应用的时间及其喷射的强度而定。

热气浴或电箱浴常常用来治疗因中毒导致的精神病（toxic

psychosis)。患者全身都在箱中，只有头部露于箱外。箱子中的温度增到可以发汗的程度。

水疗法（Hydrotherapy）是医治情绪狂躁的精神病[①]的好方法。有时也可以应用一种湿包。这个方法是把布的一面浸入冷水中，拧干以后，包围住患者的身体；然后再盖上干的毯子，各个方向都必须塞紧以免手脚的移动。治疗患有躁狂症的人的方法往往是连续浴。这个方法是置患者于浴盆中直达数小时或数日之久。水的温度为华式温度计95到97度[②]。这种治疗方法往往有安神的功效。

光疗法是一种与浴疗法有关的治疗方法。在应用紫光电疗时，我们不可以希望它有特殊的效果。紫光电疗所治愈的疾病大多是牛乳或精神分析所能够治愈的，并且有说法称紫光电疗对下列各病有害：躁郁症，重度躁狂症和癫痫病。

八、按摩法

按摩是对于身体中的柔软细胞组织所实施的手术。它的功用在于促进血液的循环以及肌肤中生理的进程。这是治疗脊髓痨（tabes dorsalis）常用的方法，婴儿瘫痪病（infantile paralysis）在度过发炎期以后，即须要用这个方法，且越早用越好，用以防止其伤患部位肌肉的萎缩。由其他传染病所导致的瘫痪病也可以应用这种方法来治疗，癔症与神经衰弱病也有因按摩而有所见效的。

[①] 此处原著提法"激动的精神病"。
[②] 编者注：相当于摄氏36.1度到36.7度。

九、气候，矿泉，养病区

患病者往往以为气候和养病区有治病的功效，然而科学家却对此不敢深信。患者固然因气候的变化而时常有身体上的改善，其实这种改善是否是由于身体的休养和环境的迁移所引发的，这点尚且属于疑问。气候固然有益于患呼吸病的人，然而就精神病而言，它所受到的主要影响恐怕不是来自气候，而是来自于别处。

环境的迁移，有时可以使患者避免以前的刺激情境，从而重新组织他生活的范型，不过这种影响对于患精神病较轻的人是最多的。

十、工作治疗法（Occupational Therapy）

工作治疗法是一切精神病院中所通用的方法。工作的种类很多，如木工、缝纫等等都是。患者的工作如果能因人制宜，那么其之前的困难是有可能因此而遗忘的。

十一、心理治疗法[①]（Psychotherapy）

所谓心理疗法，即指以心理作用矫正病态进程的方法。这种方法的应用为时已久，不过近日使用这种治疗方法的学者才渐渐能确定它的应用的程序手段，以及其应有的情境。它主要的方法可以分别叙述如下：

---

① 特编注：原文为"精神治疗法"。

(一) 催眠术 (Hypnotism)

催眠术是发明最早的方法。在应用催眠术时,医生先使患者进入半催眠或者全催眠的状态,然后予以治疗的暗示及指导。这种方法的效力受到很多的限制。它能医治的主要病症是癔症、不严重的精神病,以及刚刚开始的病态习惯。

(二) 浅眠术 (Hypnoidization)

这种方法使患者进入一种半醒半眠的状态,于是接着将应有的暗示反复说出。有时一种暗示必须反复到十余遍那么多,然后才发生效力,这种方法比上一种方法更为简便。患有精神衰弱病的人往往能获益,尤其是对患有固定观念、病态恐惧或忧郁的人更容易见效。这种方法的效力在施用于刚刚患病者身上时最为显著。用这个方法的人必须对于病人、病症及其自身已经有一定程度的了解,而后才可以有所成效。治疗者最需要的资质是一种稳定的、强有力的与自信的人格。

(三) 精神分析法 (Psychoanalysis)

精神分析学派认为在平时的意识进程之下有着过去的记忆,影响其意识的状态。患者永远不能自己察觉。这种过去的记忆可以引起病态的观念或情绪的状态,而精神病因此产生。所以医治的方法应当是发现患者过去的记忆,而使他有所领悟。该法是分析患者的梦,并应用自由联想法 (free association method) 来发现其过去经验中与病症有关系的记忆。患者因此能够了解其病的由来,从而能应用常态的方法来解决困难。

（四）再教育法[①]（Reeducation）

弗朗茨（Franz）是施用再教育法的先驱。他有一段话可以解释这一名词的意义：

"简而言之，再教育法的原则即养成习惯的原则。这种方法或是去除陈旧的、不适当的或有害的反应方式，而用近似于环境中他人习惯的新习惯代替；或是养成新的习惯用来弥补已经失去的习惯。换句话说，再教育法对于变态的人的功用，与教育对于正常人的作用相同——即为种种习惯的获得，使得人在工作、游戏与社会的世界中得以拥有其地位。"[②]

这种方法非常有助于精神与神经方面的病症的治疗。例如，口吃可以用这种方法来矫正。如果口吃是由于神经过敏所导致，则应该注意胆怯态度的排除；如果这种习惯是由于肌肉控制的不当，则应该注意唇舌的位置。又比如患有运动失调症的人，所应经历的再教育进程即为养成利用视觉来帮助适应动作的能力。

再教育法也可以用来治疗神经症在心理方面的表现。有些神经症实际上是变态习惯与病态态度的结果。再教育法可以除去这些习惯与态度，而用良好的习惯和态度予以代替。

参考文献

Dana, C. L. (1925). Textbook of Nervous Diseases.

[①] 特编注：原文为"复育法"。
[②] Franz, S. L. (1924). Nervous and Mental Reeducation. 17. *Macmillan*.

William Wood.

Freeman, W. (1933). Neuropathology: the Anatomical Foundation of Nervous Diseases. *Saunders*.

Rosanoff, A. J. (1920). Manual of Psychiatry. *Wiley*.

Strecker, E. A., Ebaugh, F. G. (1925). Practical Clinical Psychiatry. *Blakiston*.

第八章　感觉上的症候

感官是神经系统的门户。所谓门户的功用，就在于禁止不受欢迎者进入。我们人类感官所能接受的刺激，仅以某种性质与某种范围为限，这种事实可以表明其功用的性质。听觉器官所能接受的震动，限于每秒钟 16 至 40000 次的范围。视觉器官所能反映的以太震动，在其长度的范围上为 $390\mu m$ 至 $760\mu m$ （$\mu m=1/1000000 mm$）。这种种限制的存在表明，在我们人类的环境中，尚有声、光及其他各种活动不是我们所能感觉的。我们人对于环境事物的解释，仅以所能感觉到的为界限。

能感觉常人所能感觉到的可以称之为常态，否则可能会被称作变态。感觉上的变态，有由于器官缺陷的，有由于功能原因的，现在下面分别列述：

一、视觉的症候

（一）视觉组织的缺陷

我们在下面将讨论折光媒介的缺陷、眼部肌肉的缺陷及其他眼部结构的缺陷。

1. 折光媒介的缺陷

折光媒介的缺陷易于矫正,矫正的方法就是配置眼镜而已。有一些教师,每次儿童如果没有相当的进步,必定称其为低能,但其实折光媒介的缺陷也是一种重要的原因。

(1) 近视 (Myopia)

近视或由于水晶体的过凸,或由于眼球的过长,因此视像的焦点位于网膜的前部,这种情形可用凹镜来矫正。

(2) 远视 (Hyperopia or Bypermetropia)

这种情形恰好与上述的情形相反。其原因可能是水晶体过平,也可能是水晶体与网膜相距过近,因此视像的焦点位于网膜之后,这种情形可用凸镜矫正。

(3) 散光 (Astigrnatism)

在常态的眼中,有三种主要的媒介(即角膜与水晶体的二面)为真正的球面,因此各部分折光的角度相等。所谓散光,即指各面患有缺陷,因而折光的角度不能相等。这种差别,就使各部分所接收的视像,位于水晶体后部的各种位置上。倘若眼部已经养成适应球面某周线的习惯,则由其他各周线进入的光线必定模糊不明,这种情形可用图 1 所示的散光表来发现。视域中的各部分,集中在距离不等的焦点上,所以在观察时常有继续移动焦点的必要。因此患散光症者的眼球往往移转不停,易于疲劳。散光症如果不过于显著,或过于不规则,也可用眼镜矫正。

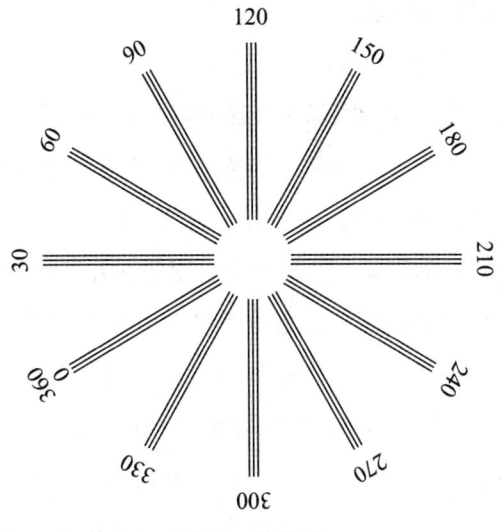

图 1　散光表

在眼睛注视中心时，一切的线应有程度相等的黑色。

若看到有灰色的线，就是散光的现象。

（4）老光（Presbyopia）

年老者水晶体的硬度逐渐增加，因此其适应的功用渐渐失去效率。此时水晶体不再有其旧日的适应作用，而明视逐渐向后退，患者必须戴上凸镜才能观察近物。

折光媒介的缺点应当及时矫正，否则会有严重的影响。近视与远视者常有强迫使其视觉器官产生适应的作用，但因为这种努力和紧张，就会有疲劳、头痛与易于激怒的现象产生。有些缺乏阅读能力的人、神经疲劳的人、消化不良的人以及情绪易于激动的人，在经折光机械矫正以后，常能表现出显著的进步。因眼睛是非常重要的距离接收器，所以其缺点足以影响人格。

2. 眼部肌肉的变态

(1) 眼球摆动症（Nystagmus）

眼球摆动症，即指眼球作极速的两侧摆动。在某种情形中，这是一种常态的现象，例如，在观察突然经过的物体时，或在身体旋转忽然停止的时候，就有这种现象产生。眼睛在反应经过的物体时所有的摆动，是眼球先后固定在几个位置中的现象。在身体旋转后眼球的摆动，是由于半规管感受刺激而发生反射的反应，在这种情形下，眼球如果没有摆动的现象，则为一种变态的情形。倘若半规管因内耳染病，或因其他原因导致伤损，或联络半规管于神经中枢的神经网络有所毁伤，则在身体旋转后无眼球摆动的现象产生，患者在维持身体的位置或均衡时必须借助于视觉或触觉（这类患者不能学习航空，因为他在空中时不能确定其自身的位置）。眼球摆动的现象也可由热水和冷水先后刺激耳部而引起。

变态的眼球摆动，可用下述程序予以确定：持一物体使受试者用眼球追随它，而同时移动此物至其一侧。如果在做这种运动时眼球有所摆动，则为一种病症。这种症候可能与大脑脊髓神经系统有关，而不是局部的肌肉病症。这是一种不常有的现象，出现这种现象时，患者必须去见医生，进行彻底检查。

(2) 眼肌瘫痪症[①]（Ophthalmoplegia）

这是眼肌瘫痪的总称。眼球外肌（即第三、第四与第六颅神经所支配的）的瘫痪是外眼肌瘫痪症（external ophthalmo-

---

① 特编注：原文为"目肌瘫痪症"。

plegia)，虹膜与瞳仁肌的瘫痪是内眼肌瘫痪症（internal ophthalmoplegia）。这两种情形如果有永久性，就是中央神经系统有病的指示。其最普通的原因，是梅毒与慢性的酒精中毒。患有这种病症者看到的东西都是双数。

3. 视觉组织中的其他缺陷

（1）玻璃体①（Vitreous humor）与水晶体的缺陷

据常态的情况看来，水晶体与玻璃体含有不透明的物质投射其阴影到视网膜上。其形式为简单的球形，或为珠形，或为其他形状的集合，这种物体称为"飞蚊症"②（Muscae Volitantes），因为它似乎有活动的现象。这种运动的原因就是：当有阴影照射视网膜时，眼球立即产生一种运动，使之照在中央凹（Fovea，即视觉的最明显处）。这种阴影如果没有位于水晶体与中央凹之间，那么即使转动眼球也不能使其落于中央凹处，但这种眼球的运动，使人觉得是此物体的自身表现活动。

（2）盲点（Scotomata）

每个人眼睛里都有一个盲点，这就是视神经入口的地方。病态的盲点可以用确定常态盲点的方法来发现它。受试者闭上他的一只眼睛，而使另一只眼睛睁开。主试持一小块纸在其视域的各部分中移动。当纸的光线落在盲点时，此张纸就不能再被看见了。这个盲点如果不是极其显著，常常不被患者注意。一般看来，这种病态盲点的起因很多，例如视神经的疾病、视网膜的疾病、烟草成瘾、酒精成瘾、多发性硬化（multiple scle-

---

① 特编注：原文为"后房水"。
② 特编注：原文为"目中飞蚊"。

rosis)、神经炎（neuritis）与偏头痛（migraine）都是。

（3）色盲（Color blindness）

色盲，或为部分盲（例如红绿盲），或为全盲，其他各种搭配也有。除某种药物中毒的情形以外，色盲实际上是遗传的缺陷。

（4）黑内障（Amaurosis）

一只眼睛盲称为侧盲（unilateral amaurosis），二眼均盲称为双盲（bliateral amaurosis）。这种症候常由视神经的萎缩或视网膜的病症所致，后段中所讨论的机能眼盲几乎与这种现象相似。

（5）半盲（Hemianopsia）

所谓半盲，就是指每只眼睛视域的一半看不见，半盲的形式不一。其性质可由视神经纤维在视神经交叉处（optic chiasma）的情形来解释，这种情形表示于图 2 中。

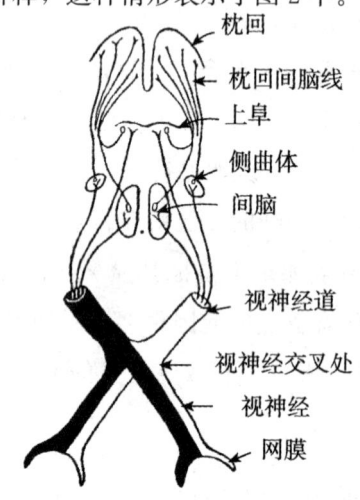

图 2 视神经纤维之路及其对于皮质与视网膜的关系

在每一视网膜的纤维中，接近鼻部的一半通至大脑的对侧，而接近颞部的一半则不交叉。这种分割是否相称，尚无足够的事实可以证明，不过其情形大概如此。

在这种情形之下，视神经如果受伤，那么其症候的性质视其受伤之处而定。若损伤在视神经交叉处与某一侧眼睛之间，则其结果为侧盲。若损伤在视神经交叉处与大脑之间，则双眼均受影响。若皮质右侧的纤维（即图中的黑色部分）被毁，则两眼的右半失明，若皮质左侧的纤维在其未达交叉处之前已经受到损伤，则两眼失明的部分为其左侧。

半盲的形式有下列各种：

①关系相同者（Homonymous）

所谓关系相同的半盲，即指失明的两半是双眼中可以相对的部分，上段所述的两种情形均属此类。

②关系相异者（Heteronymous）

这就是指失明的两半为双眼中的不相对者，下面二种情形属于此类：

a. 颞颥两半的失明——这就是指失明的部分为两眼的外半。

b. 鼻部两半的失明——这就是指失明的部分为两眼的内半。

关系相异的半盲一定是由视神经交叉处自身的损伤所致，因交叉与不交叉两种纤维都必须受伤，然后才有这种情形产生。

（二）视觉功能的缺陷。

上述种种视觉缺陷，可由神经学的方法与视觉的测验来确定，在这类缺陷中大多可以发现一定的机体原因。此外还有其他各种视觉变态，其原因不能在神经系统与视觉机制这两方面察觉到，有多数事件得通过症候的发展历史进行解释。

1. 机能性的双眼盲

机能性的双眼盲，有几种特殊的情形，可以表明这种缺陷是由于人格适应的缺乏所致。

（1）这种缺陷的最初阶段，常有比较奇特的情形发生。珍妮特（Janet）① 曾经谈到一个人，因其面部被油腻的破布扔中，所以患有眼盲长达四年之久。后来又有一位妇人，在她洗衣时，有人把肥皂水泼在她脸上，水虽然没有流入眼中，她却因此失明达两年之久。

（2）这种缺陷的恢复，也呈现出奇特的情形。上述的例子不足以表明机体全无损伤，但其恢复常态的倾向也非常奇特。珍妮特曾描述一个例子来表明视觉的丧失并不必然有机体上的原因：

有一年青女性患有下述的奇特习惯，每次阅读时，见有红光满室，眼睛闭上又睁开，就失明了。这种变态的现象，有一次持续了十二日之久。她的眼睛忽然恢复了，正如失明时一样神秘。

在上述的例子中，患者不是机体的损伤，而是心理功能的病态。我们必须知道，能够看见事物，不仅仅是眼睛与神经的功能，而且是整体人格的功能。整个人格应用其视神经与视觉

---

① 特编注：原译为"常奈"。

机制以完成其整个的功能，所以这二者不过是这种功能的分子而已。如果有一个人突然失明了，而在其视觉机制与神经方面并没有病态的现象，且其视觉能力也能突然恢复，则其解释必须探寻其人格方面。如果坚持这种失明的症状仍为机体有病的结果，而将其恢复视为神秘的事，则与事实未免相去甚远。

（3）各种反射仍为常态

失明的原因究竟属于机体还是机能，要视反射的情形而定。我们如果不知道患者以前的情形，那反射的检验就尤为重要。真正失明者的瞳孔反射①（pupillary reflexes）应会失去常态，而患有功能性失明的患者则不是这样。

（4）患者在某种情形之下，仍能使用视觉

患者常在梦游状态中能够步行，而且可以避免道路上所有的障碍，这一事实表明有用视觉的必要，并且在情绪方面有异常的激动时，这种现象也能发生。虽然在正常的情形中，患者有时也表现出使用视觉的能力。乔利（Jolly）② 关于患有功能性失明症的儿童有下述的观察：

"这些儿童似乎不能见光，虽然不知道路上有阻碍，却有避免阻碍的能力。其行为几乎不受触觉指导，……如果这些儿童不是真正失明……他们必定有知觉"。③

2. 机能性的单眼失明

---

① 特编注：原文为"瞳人反射"。
② 特编注：原译为"赵勒"。
③ Jolly, F. (1892).: *Ueber Hysteria bei Kindern*, Beriner kiln, Wocheneohr, No. 34, S. 4.

患有机能性失明的人，往往仅有一只眼睛失明，这种症候比双眼失明多，且其机能的性质比较容易确定。

真正的单眼失明与机能的单眼失明，有一个显著的区别，患有前一种病症的人大多不讲述其痛苦的情况，而且在经过很长时间以后才能知道他的一只眼睛失明，但患有机能性的单眼失明的人，却常有为此病所苦的表示。

单眼失明的检测方法，是确定在某种情形之下，受试者是否仍能使用所谓失明的眼睛，这一程序仅在不能发现机体原因时才能使用。

一种方法就是斯内伦[①]（Snellen）字母测验。这种测验的步骤如下：在黑色背景上粘有一些字母，有蓝色的，也有红色的。纯粹红色字母或纯粹蓝色字母的组合，皆无意义，而只有这两类字母的组合才有意义。例如有红色字母 OTWSEN 与蓝色字母 NRHETR，这些字母在这样分离时并无意义，但如果互相间隔，则可拼成 NORTHWESTERN 一字。在做这种测验时，应有特别准备的眼镜，其中一个镜片的颜色与红色字母相同，而另一个镜片的颜色则与蓝色字母相同。受试者在戴上这种眼镜以后，注视测验卡片，其中一只眼睛仅能看见红色字母，而另一只眼睛则仅能看见蓝色字母，如果一只眼睛失明，则其所见到的是无意义的字母。我们由他所看见的字母，可以了解到其失明的眼睛究竟在哪一侧，受试者如果能读出 NORTH-WESTERN，则显现出两眼并用的证据。

---

① 特编注：原文译为"施内冷"。

现在这种失明症不如过去多。以前有一个时期，医生把机能的视觉异常作为诊断歇斯底里症（hysteria）的依据。医生往往对可疑者加以视觉的检查，受试者因受这种暗示的影响，所以虽然没有这种病症却常发生此病症。在当今的医学中，这种症候的重要性远远不如以前，而患者的数目也在减少。

3. 视野的缩小

视野的缩小是视觉病症的一种。图3表示双眼在有正常功能时的视网膜区域。根据周线测量器（perimeter）检验的结果，有些患者的视网膜，仅有中央凹及其附近周围区域具有功能。

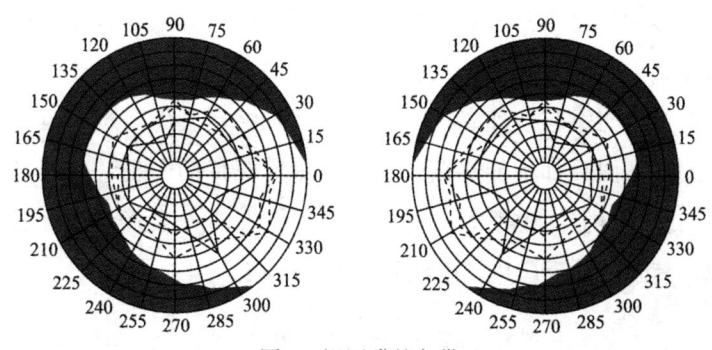

图3　视网膜的色带

这两个球形表示双眼的视网膜，黑色的是没有功能的部分，各种视野都有界限表示。在视野向中心缩小时，仅有处于中间的部分具有功能。……红带范围；……绿带范围；……蓝带范围；……黄带范围。

如果视野有缩小的现象，而眼部在其生理与功能方面并无缺陷，这将如何解释呢？有些患视野缩小症的人能跑或能玩球，且其手臂也能呈现出合作的运动，凡此一切运动都需要外周的视觉，而患者不能知觉其行为实际上与周线测验的结果相冲突。这种例子表明，在某些情形下，患者确实能应用其视网膜的外周，但外周部分在接受测验时则没有功能。其外周的视觉，必须在有利害关系时才表现其作用。读者如果以为玩球这件事没有使用外周视觉的必要，那么可以试用珍妮特（Janet）的测验，其程序如下：在双眼之前放置一张卡片纸，上面有两个孔，因此每只眼睛可以透视一个孔，这种情形能使视觉限于中央凹上。读者在有这种卡片放在眼前时，尝试接一个球，就知道这是不可能的。

珍妮特曾述及一事，表明患视野缩小症的人，对外周的刺激能做出反应。一名儿童曾因为失火而受惊，后来即使是微小的火焰也能引起他惊恐的反应。其视野缩至五度，这种范围以外的物体似乎都不能觉察到了。根据珍妮特的发现，在使其注视周线测量器的中点时，如果有已经点燃的火焰移至八十度处时，其恐惧的反应也能因此而发生。（参看图4）

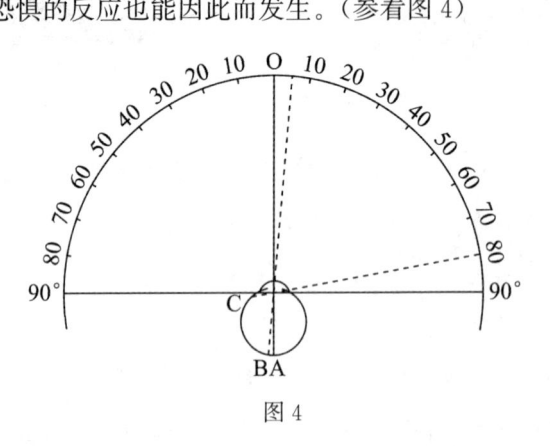

图 4

如果在眼睛注视时，O 处的光线可射在中央凹 A 处，则距离 O5 度处的光线将射至视网膜 B 处，这一视象仅含有视网膜的一小部分。在 80 度的光线将射至视网膜 C 处，由 A 至 C 的视觉逐渐模糊，但正常人的视觉能发生在中央凹周围的一小部分中，如图 4 所示。

我们如果想要去除这种病症，则必须找到其发生的原因。患者并非不能看见，而是不愿看见。必须发现并移去他们不愿看见的理由，才能见效。只是把这种症候作为假装的现象，而强迫他们察看，必定于事无补。

二、听觉的症候

听觉的症候包括敏锐性的降低或提高，以及其他各种异常，此外也有听觉器官毫无损伤而失去听觉能力的人。听觉若有损伤，则对于人格常有严重的影响，这是最需要注意的事情。

（一）听觉敏锐性的降低

1. 机体的耳聋

耳聋常常是机体上的缺陷，而与变态现象仅有间接的关系。其原因或为听觉系统的疾病，或为听觉神经的疾病，或为神经中枢的疾病。虽然在现代文明社会中，用眼睛比用耳朵多，然而耳聋对于心理作用与人格特质的影响都极为重大。

耳聋有先天与后天的区别。先天的耳聋就是指生来有此缺陷，后天的耳聋就是指出生以后才有这种缺陷。患先天耳聋的人常有下述几种特性：（1）属于听觉器官的体验，必须变成属于其他器官的体验，然后其意义才能明了。耳聋的人对于音乐特性的了解有时必须借助于触觉的名词表达；（2）缺少一种感觉的人，在对其他感觉的分析能力上常常超乎常人；（3）患者被这种缺陷所限制，于是在某些活动上有依赖他人的必要，因而有自卑感。这种态度使得怀疑滋生，别人如果说悄悄话，则视为对自己有所非议；遇到困难，则视为朋友的阴谋。最后可能有一种孤独行走的感觉倾向产生，而人格也就更加趋于异常，受人压迫的妄想也可能由此而起；（4）听觉的缺乏总能影响精神作用的效率，因此患者常被误认为是低能者。年龄极小的儿童在听觉的敏锐性上很难有适合的测验，因此他们虽有听觉的缺陷却常常不为人知。这类儿童学习对于声音的反应，但是因为缺乏明显的听觉，常常会有错误发生。他们借以做出反应的对象，可能是听觉以外的线索，例如唇的移动、手的动作以及其他属于此类的现象。如果儿童依靠这些线索而有错误的反应，那么成人才会看到他们的行为或是有意的反抗，或是低能的表现。儿童如果因此而受到批评，则其行为一定会更加谨慎，而其心智低下的状态也更加明显。这类患者如果不能及时加以恰当的处置，那么其心智上的损失将更为严重。现在已经有声音放大器（sound amplifiers）可以解决这种问题。

2. 机能的耳聋

有一种耳聋的症状并非因听觉器官有病而生，这种情形的产生，是由于一种人格上的原因，而且这种原因的性质颇为复杂。

在病症的性质还未确定时，第一步就是采用一种方法，以确定患者听觉的水平，例如在患者的耳旁突然发出一种高音，但使发音的东西不被看到。这种声音对于常人往往引起一种眨眼的反射或其他不随意的反应，如果有这种反应发生，那么患者应当有听觉能力。

（二）听觉敏锐性的提高

患者对于温和的刺激常有强烈的反应，并且如果有声音持续出现，就会呈现极其扰乱的状态。这种情形并非表示敏锐性真正增高，不过是一种对于声音易于感受到刺激的倾向。几乎每个人听觉的敏锐性都不相同，而敏锐性最高的人确实居于最优越的地位。所以人如果因为自己的听觉敏锐性而痛苦，则其所痛苦的不是听觉而是因为情绪。患有这种病症的人，即使听见微弱的声音也会有身体的震动，他们常常用棉花塞住耳朵以避免这种刺激。

三、皮肤觉的症候

皮肤觉是几种感官印象综合的结果。我们可以首先讨论病症的有机体的原因，然后描写机能的皮肤感觉丧失症，第二类的现象仍是近代变态心理学中的困难问题之一。

（一）皮肤感觉性的分子

根据精密检验的结果，皮肤感觉有触、热、冷、痛四种，它们的末梢器官皆位于皮肤中。这些感觉器官都有一定的位置，而且它们所接收的感受都有特殊的性质，例如热点对于任何刺激的感觉都是热的，其他各种感觉都有这种情形，不过稍有限制而已。

这些感觉综合的情形仍然是一个未解的问题。里弗斯[①]（Rivers）与黑德（Head）的研究结果，后来被博林（Boring）所否认。各位研究者都注意到外周神经分割的部分对于感觉的影响。简单来说，根据里弗斯和黑德二人的理论，由外周而产生的冲动，可以分为后起精觉（epicritic）与原始粗觉（protopathic）两组，此外可能还有一种感觉可称为深觉（deep sensitivity）。各种纤维在进入脊髓根（spinal roots）时经过一种组织，想要找到它们之间的差别，却不能够发现，其综合的结果可能是痛、热、冷、触各种感觉。

（二）皮肤觉的种类

1. 后起精觉（Epicritic sensitivity）

这种感觉包括轻触、轻痛与冷热的细微差觉。轻触的健全性的测验方法，即用一骆驼毛刷或一块软棉轻触皮肤。后起精觉的痛觉可以用针头轻触来测验。测验表面的冷热感觉的方法，即以装有冷水与热水的玻璃管与皮肤相接触，而确定其感觉的性质。

后起精觉具有帮助人类确定皮肤上位置的能力，这种能力在身体的各个部分中有明显的差别。通常测验的方法，是用两个尖头置于受试者的皮肤上，使其报告所感觉的刺激是一个还是两个。受试者有时能够辨别出是两个刺激，有时则不能，在能辨别两点时的最小距离即表示这种能力的程度。有时我们用一根头发在受试者的皮肤上移动，而询问其运动的方向与范围，

---

① 特编注：原文译为"雷弗士"。

也可确定这种能力。

2. 原始粗觉（Protopathic sensitivity）

这是剧痛及冷热两种强烈感觉的总称，在皮肤或内脏感受强烈的刺激时，才有这种感觉产生。如果应用这种感觉来确定皮肤上的位置，常常没有正确的结果。这种能力的健全性可以用消过毒的针嘴刺入皮肤，或用装有冷水与热水的玻璃管放在皮肤上来确定。

3. 深觉（Deep sensitivity）

引起深觉的刺激，就是对位于肌肉与关节的特殊末梢器官施以压力，在日常生活中，这种感觉常常与来自于后起精觉和原始粗觉的感受相混合。

我们在测验正常人时，能够区别触、热、冷与痛四种感觉，而在实施手术时又可区别后起精觉、原始粗觉以及深觉三种现象，但是在实际的经验中，这种区别并不存在。我们平时所有的经验都是各种感觉混合的现象，这种研究使我们不得不否认触觉的简单性，我们一旦认识到其性质的复杂性，则触觉的异常现象的复杂性也容易明白了。

（三）运动觉（Kinesthetic sensitivity）

运动觉或肌肉觉，或者也是上述三种皮肤感觉混合的现象。其末梢器官包含皮肤、肌肉以及关节中的所有器官在内。这一切感觉在实际经验中互相混合，成为位置与运动的感觉。

运动觉一旦丧失，则对于位置或运动的印象就不能感觉到了。例如人如果失去其手臂的运动觉，那么闭上眼睛拿取食物就会变得极为困难。他在扣领扣时也会感到困难，因为他有依赖视觉来指导其运动的必要。

在这种情形下，输出的动作冲动可以没有损伤，但运动所引起的感觉却不能接收，所谓脊髓痨的步态（tabetic gait）即为一例，患有脊髓痨（tabes dorsalis）的病人的脊髓背部（dorsal part）感受到影响，而来自腿部的知觉冲动则因此而丧失或产生变化。患者虽有行走的精力，且其肌肉看似也颇强健，但在步行时，常常跨出过远，因此其活动的腿部必须收回，然后才能迈出第二步。其原因在于肌肉与皮肤感觉的缺失，因此不能产生抑制作用。患者在步行时必须借助于拐杖，或注意腿部以矫正其行走的动作。

运动觉的健全性，可用下述的测验以确定。各种测验的目的，在于确定受试者在他使用眼时对于手臂、手指与腿的各种位置及运动，是否能有正确的认识。

1. 使受试者用食指指在与他的鼻部相离一寸的位置。

2. 用手执起受试者的手，移到某个位置，然后让他用另一只手去触碰。如果他的深觉已受损，则另一只手所指的方向就不正确。

3. 让他的手或脚取一个奇特的位置，然后让他另一只手或另一只脚取相同的位置。

4. 在受试者的手中放置各种不同的重量，但接触的面积相同，其目的在于测验受试者区别重量的能力。

5. 正常人在用手握一个立体物时，应当能认识到其形状的一致性，这种能力称为"立体辨别能力"（stereognosis）。其应该认识的属性包含大小、重量、空间与对象面积的性质等等。

测验的方法是在受试者的手中放置各种性质不同的物体，例如钥匙、墨水瓶、盖针、橡皮、扣、钱与铅笔等等，受试者应当能在闭上眼睛时辨认出各种物体，这种能力的缺乏称为"立体能力丧失症"（astereognosis）。

（四）机能的皮肤感觉丧失症（Functional anesthesias）

关于机能性的耳聋和失明病症的原则也可以应用于此，但是这种症候有一些特殊的性质，值得特别的注意。

1. 机能的皮肤感觉丧失症，常以通俗的关于功能单元的概念为根据。一般人对于皮肤感觉的概念，常与解剖学及生理学中所发现的事实不相符合，因此凡由纯粹心理作用而产生的变态现象，赋予心理学上的价值。科学家对于皮肤感觉的意见尚不一致，由此可以了解通俗概念与生理学或解剖学的冲突。在实际的经验中，皮肤的感觉都是各种感觉混合的现象。例如持斧的感觉，决不分析为肌肉的紧张、热、冷、压与痛各种感觉。我们所经验的是各种感觉的混合，换一句话说，我们所感觉的仅是斧子在手中而已。手是一种功能的单元，如果我们在闭目时不能区别铅笔与小刀，或银角与杨梅，则我们认为手部感觉有所丧失，而不考虑某种神经或某些神经的病症。

手部或足部所有的皮肤感觉，是被多条神经所传达的。这些神经如果受伤，则其影响必将延至腿部或臂部，并按照神经在解剖学上的分布来影响其他各部分。但机能的皮肤感觉丧失症的情形似乎不是这样。这种症状发生在手部时仅以手部为限，而超过腕部的部分均无病象。如果发生在足部，则不超过踝关节。因此各种机能的感觉丧失症，常常根据其患病的部位进行区别，例如，手套失感症①（glove anesthesia）或鞋形失感症②（shoe anesthesia）。图 5 表明几种机能的失觉症现象，患者所丧失的感觉或在足部，或在腿部，或在手部，或在臀部，这种现象与解剖学的事实并不相符，可由图 6 看到，此图表示各种神经所支配的区域。

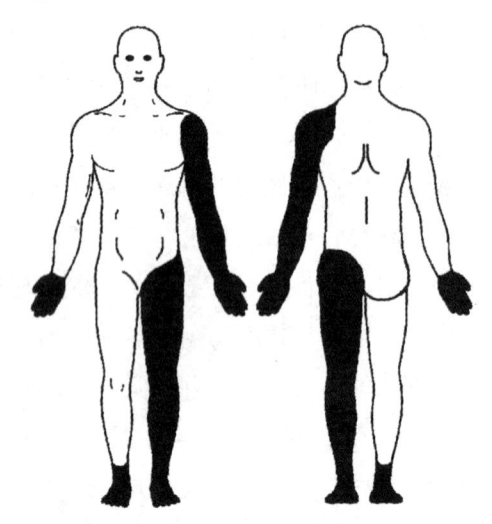

图 5　机能的失感症

黑色部分就是失感部分

---

① 特编注：原文为"手套失感觉"。
② 特编注：原文为"履形失感症"。

第八章 感觉上的症候

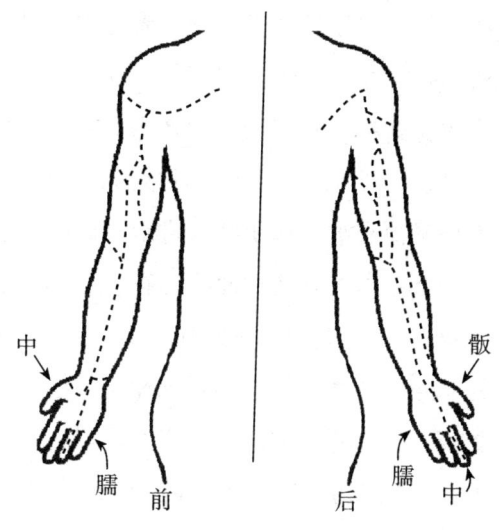

图 6 手部神经的分布

手部三种神经（即正中神经①，尺神经②，桡神经③）所支配的区域极不规则。若任何一种神经受伤，则其所影响的区域必与其所支配者相符，而非如图 6 所示。

这种症候不能用生理学来解释，其正确的解释似乎应在心理学中寻求。

2. 机能的失感症还可以由暗示引发。沙可（Charcot）④ 坚持认为，皮肤失感症是歇斯底里症（hysteria）的一种特征，这种意见曾风行一时。因此医生在检验患歇斯底里症者或疑似有此病者时，必定会注意其皮肤失感的点或区域。其最奇特之处

---

① 特编注：原文为"中神经"。
② 特编注：原文为"骨反神经"。
③ 特编注：原文为"臑神经"。
④ 特编注：原译为"夏可"。

就是这种点或区域，往往发现于这种患者之中：以前把这种现象视为女巫所具有的特征，而有"魔爪"（Devil's Claws）之称。

沙可曾经述及这种失感症的三种特点。第一个特点是：这种现象很少被患者本人所发现，患者常常因为其他症候而就医。只有医生因为怀疑他有歇斯底里症，进行失感症的检验，而后才会发现此症，患者本人以前对此症的存在全无认识；第二个特点是：患者虽有此症却并不感觉有所不便；第三个特点是：此症所影响的部分仅与通俗的解剖观念相符。医生之所以重视此症，大多受沙可学说的影响，而此症的发现也常常是这种检验的结果。患者虽然起初没有这种病症，但感受到检验的暗示，就有可能发生这种病症。

这种失感症有可能由一只手转移到另一只手，然后又恢复原来的位置。患臂部失感症的人可以不治而愈，但常常代之以腿部的失感症。患全体失感症的人，在某种情形之下可以产生全面的恢复。这种失感症的病因，如果是感觉器官本身的原因，则不会产生上述的变化。

这一症候的暗示说是佩奇①（Herbart Page）于1891年所创，后来巴宾斯基（Babinski）加以实验，竟然能够证实这一学说。其所用的受试者是一百位歇斯底里症的患者，巴宾斯基在检验时尽力避免对这种症候的暗示。其结果表明，患者的触、痛、温、肌肉与立体感觉均无病态。于是他有了下述的结论：患者对于沙可失感症毫无认识而且不为所苦，在检验以前并无

---

① 特编注：原译为"裴奇"。

此症，而在检验时因为医生的暗示才有这种病症的表现。

巴宾斯基所得的结果又被其他研究者所证实，不过巴宾斯基所谓机能失感症绝不存在的说法未免是矫枉过正的论调。人如果患有机体的损伤，伤口虽然愈合，但仍然可能会有失感症的余波，患者因为伤痕的暗示有可能维持其失感症，使症状延长。因此引起失感症的暗示，不一定是语言的暗示，而且不一定是外来的暗示。

3. 机能的失感症具有可以变化的性质。如果因为机体的损伤而患有右手失感症，则这一症候绝不会在几分钟之内移至左手或足部或身体的其他部位，这种症候也不可能在一段时期中忽然消减，而在其他一段时期中忽然再现，这种可变性确实是机能失感症的特征。在下列情形中，这种症候能产生形式上或位置上的变化。

（1）此症随歇斯底里症的发作而有变化。皮肤失感症在歇斯底里症发生以前有可能增加，也有可能减少。在歇斯底里症发作时，此症或改变其形式，或完全消减，但患者在此病过去以后又有可能复发此症。

（2）在睡眠状态中，此症可以消减。

（3）此症可能被某些药物所影响。有时患有范围阔大的失感症者，有可能在酒醉时恢复全部的感觉。麻醉剂①（chloroform）可以使症状消减，吗啡、大麻、致醉胶（hashish）及其他药物也可有同样的影响。

---

① 特编注：原译为"迷蒙精"。

（4）任何形式的暗示可以使之改变。使用电气、金属板、用手抚按及其他可以符合患者想象的物品，都能改变失感症的位置，或使它完全消失。珍妮特（Janet）曾记录过如下这个著名的案例：

> 珍妮特曾经见到一位患者有下述的情形：此人患有全身失感症，我们应用电疗法医治她的腿部，而在每次与负电极相接触时，会有强烈的肌肉收缩现象。当时我们忽然发现盘塞上的两根铜丝已与器械相脱离，经过长时间的治疗，而所用的工具不过木块而已。于是治疗师继续施加治疗，而不在电极两端盘线，但患者仅与盘塞接触时，其肌肉的收缩幅度却更大了。

4. 机能失感症没有一致的现象，这是区别治病与真正的机能失感症的一种重要标准。治病者常尽量利用其知识以维持此病的一致性，患有机能失感症的患者，却可以用合理的方法进行欺骗，而使其症状表现缺乏一致性。

四、其他感觉的症候

嗅觉（olfactory sensations）、味觉（gustatory sensations）及机体觉[①]（organics sensations）皆可由身体的病态或心理的失调而产生异常现象。在每个特殊事件中，我们必须对于病症

---

① 特编注：原文译为"有机之感觉"。

的性质加以彻底的研究。病症如果似乎属于机体，则应由医生来检查。如果患者的身体无病，则其机能的因素是心理学者所应研究的对象。

（一）嗅觉

一般人对于嗅觉能力的丧失并不认为是痛苦的，但这一症状如果与精神病有关，那么其病因往往就有了心理的元素。患者常常对于某种臭气或其所代表之物抱有一种厌恶的情绪态度，我们可用种种臭气来测验患者的嗅觉，就可以知道其患病的性质。但是如果患者对于某种臭气表现出特别敏锐的嗅觉能力，则其意义也可能与上面所述相同。

（二）味觉

味觉与精神病的关系不是那么重要。一般认为味觉的病症，常常是对于某种食物或一切食物的情绪态度。如果人缺乏味觉的能力，则往往没有什么表示，但是如果这种感觉过于敏锐，则对于食物会有很多批评。至于对于一般饮食的要求过于精良或饕餮之徒并不是患有味觉的病症，那么其出现问题的是情绪上的态度。

（三）机体觉

患有精神病的人常说身体上有各种奇特的感觉，其实这种感觉并非真正的感觉，而是位于患者其他有病的身体部分。放下这种感觉不说，肌体感觉所有的症候实际上是某些疾病的结果，而与心理异常毫无关系。研究者如果遇到患者叙述奇特的痛觉或感觉时，应在心理方面寻求原因，但是在做这种研究之前，患者应经过彻底的身体检查。

五、通论

我们在讨论各种感觉症候时已经论及几个要点，在这里将这几点特别提出，以使读者更能认识其重要性。

（一）一种症候的原因，不能直接由症候本身的研究而推知。我们对于患者的人格整体需有正确的了解，而后这种症候的全部意义才可以被看到。

（二）一种单独的症候，例如一种单独的感觉症候，可以影响患者人格的其他方面。例如视觉上的缺陷，使患者不能正确视物，于是患者的知觉与其关于知觉的解释，必定由此而受影响。解释的错误又会影响其情绪生活，而产生一种严重的病症。患者或因视觉上的缺陷，而在勉强视物时，养成一种奇特的状态，这种状态可以影响其社交关系，他人有可能因此而避开他。视觉上若有一部分的缺陷，则心智的发展必定受到牵制，其结果可使患者与心智衰弱者相似，这种种关系可以推进以至于无穷。因此我们在研究精神生活的某一部分时，应对其在各方面的关系加以考虑。

（三）在矫正一种缺陷时，我们应先矫正其最明显而且易于着手的部分。如果人有一种视觉上的缺陷，而这种缺陷可用眼睛矫正，则第一步是配置眼镜，然后再涉及其他相关的缺陷。这种单纯的程序当然不是最后的目的，我们必须把患者视为一个完整的人格来研究，医治的方法应使其完成其人格的发展。简单来说，我们要医治的并非仅仅症候本身，而是患有症候的人。

参考文献

Behan, R. J. Pain, Its Origin, Condition, etc. Appleton.

Pest, H. The Blind. Macmillan.

Pest, H. The Deaf. Crowell.

Carlson, A. J. The Control of Hunger in Health and Disease. *Univ. of Chicago Press*, Chap. 16—17.

Franz, S. I. *Handbook of Mental Examination Methods*, pp. 16, 42.

Fraser, C. F. (1917). The psychology of the Blind. *Amer. J. Psycho*, 28, 229—237.

Hunt. E. L. Diagnostic Symptoms in Nervous Diseases, Chaps. 10—13, Saunders.

Hurst, A. F. The Psychology of the Special Senses and Their Functional Disorders. *Oxford University Press*.

Janet, P. Major Symptoms of Hysteria. (Macmillan.)

Jones, I. H. Equilibrium and Vertigo. (Lippincott.)

第九章　知觉上的症候

知觉上的症候可以分成两类，一类是错觉（illusions），另一类是幻觉（hallucinations）。现将它们分别论述如下。

错觉

错觉是指错误的知觉。错觉是人们常有的经验，但是患者对错觉所采取的态度可以表示他是否患有精神病。正常人在有错觉时往往对错觉发生的情形加以观察，由此就可以了解其性质。但是患有精神病的人却认为错觉是事实并不加以考虑。

错觉的产生不仅仅限于精神病患者，所以错觉产生的原因和精神病没有什么特殊的关系。有些错觉是由于刺激的性质所导致的，所以这种错觉不能避免。例如有两根平行的线经过许多辐射状的线时，呈现出一种弧线的状态，这是常人都会有的错觉。注意的分散、情绪的激动以及神经的疲乏，都能使得人对刺激产生错误的解释。

幻觉

有人认为幻觉与错觉有以下区别：幻觉是外周刺激（peripheral stimulus）缺乏时所具有的一种知觉。至于错觉则是由外周刺激引起的，不过这种刺激不是平时引起这种特殊感觉的刺激。例如有人在安静的环境中突然听到钟声，这就是幻觉；如果把蟋蟀的声音当成是钟声，那就是错觉。

幻觉与错觉不容易被区分。上述区别只是以刺激的有无为依据，这种依据是否与事实相符合还存在疑问。幻觉也有可能是由一种刺激所引起的，只不过因为这种刺激难以观察到，于是我们认为幻觉的产生是完全没有刺激的。我们对于这两种经验可以做如下区分：引起错觉的刺激比引起幻觉的刺激更加显著。

幻觉并非是精神病患者所独有的，正常人也会存在幻觉。在梦中和半睡半醒的状态（hypnagogic state）中，这是经常会发生的现象，并且在内脏疼痛的时候也会有幻觉产生。就常人而言，视觉出现幻觉的情况要比听觉更多，但在精神病患者当中，视觉和听觉中出现幻觉的比例恰好相反。听觉的幻觉大多发生在精神病晚期，在发病初期出现的幻觉多以视觉为主。

一、视觉的幻觉

视觉中的幻觉或者是明显的，或者是模糊的，或者是简单的闪光，或者是复杂的情景，或者是平面的，或者是立体的。

比弗①（C. E. beevor）医生曾经描述过一位癫痫病患者所看到的氛围（aura）。患者看到有十三个人站在他面前，其中有一个人首先离开他，接着其他十一个人也先后离开他；而最后一个人则出手打了他，结果造成了患者患病。

视觉中出现的幻觉性质各不相同，患有疲劳的精神病的患者，每天都闭目享受其想象中的美景。患有震颤性谵妄②（delirium tremens）的患者，则经常被凶恶的野兽困住。

视觉幻觉的严重性可以通过测量方法来确定。这种方法是让患者在幻觉发生的时候闭上双眼，如果幻象因此而消减，那么恢复成常态的可能性较小。

二、听觉的幻觉

这种幻觉或者是清晰的，或者是紊乱的，或者是大声的，或者是低声的，或者是单字的，或者是长谈的，或者是距离很远的，或者是距离很近的。有时候患者能听到的声音是命令式的。这种声音非常危险，因为患者容易接受暗示，从而做出自杀或者杀人的行为。有时是两种声音，一种声音责备患者，另一种声音则是为他辩护。

一般来说，听觉的幻觉具有一种凶兆的意义。究竟这种幻觉的意义是不是这么严重，可以用以下程序来确定：塞住患者的两只耳朵，询问他是否还有声音，在多数患者中，这种声音将不复存在。患者如果仍能听见这种声音，那么治疗是比较有

---

① 特编注：原文译为"皮佛"。
② 特编注：原文为"昏迷战栗症"。

希望的，因为这种情况能够使得患者明白他所听到的声音是一种幻觉。

三、味觉和嗅觉的幻觉

味觉和嗅觉这两种感觉在病态当中有着密切的关系，因此这两种感觉的幻觉也应当合并到一起来讨论。这些幻觉如果是由于口鼻黏膜的干燥而产生，那么治疗的方法颇为简单。但是如果是患病很久的精神病患者有这种幻觉，那么原因并不是上面所阐述的那样，而常常是人格改变和心智退化的表现。

嗅觉的幻觉有令人喜欢的地方，也有令人讨厌的地方。令人喜欢的幻觉，比如说像花果的馨香；而令人讨厌的幻觉，比如说死尸焚烧之后的臭味。

味觉的幻觉和污秽或者毒物相似。患者防御的方法就是吐痰或者塞住鼻孔，最严重的表现是绝食。

四、皮肤的幻觉

有许多患精神病的人，在某一个时期会有上腹感觉（epigastric sensation），或者接近腹部的感觉，或者胸下感觉。普通的性质是一种下沉的感觉或者充满的感觉，甚至是疼痛的感觉。这些感觉大多发生在混乱和昏迷的状态之中。上腹部位（epigastrium）是这种感觉发生最多的部位，但脐部、下腹部（hypogastrium）与生殖器官以外的部位也会发生，有时候患者认为这种感觉位于胸部。

根据斯托达特①（Stoddart）的说法，患有上述症状的人同时患有外周痛觉丧失症（peripheral analgesia），并且凡是患有显著的痛觉丧失症的患者，都会承认有上腹感觉或者类似的感觉。有些患者则是有腹部的感觉但是没有外周痛觉丧失症。不过根据针刺的检验，其中大多数都是手部感觉不如躯干感觉。我们根据这种事实推想，患有外部感觉的人，他们的外周痛觉或多或少都有损失，只不过有时这种损失极小，难以察觉而已。

如果这种推测真的与事实相符，那么腹部感觉的产生会有以下解释：当患者的外周感觉有所损失时，他所具有的感觉多半是来自于腹部，于是腹部与和它接近的部分也会因此引起特别的注意。这也许就是变态感觉的由来。

癫痫病的下腹气形（epigastric aura）是一种特殊的下腹感觉。患者在丧失感觉时觉得气形从下腹泄出，在其排出以前的最后一刻会产生一种现象，那就是腹部感觉的丧失。柯林斯②（Collins）医生根据他管理癫痫病病房（Epileptic Colony）的经验，认为当气形发生的时候，外周的感觉也会有所丧失。这种事实好像也可以证实上述假设。

疼痛的幻觉常常发生在腹部附近。患者在解释这种幻觉的时候，常常用电磁、催眠或者一些神秘的方法作为其产生的原因。他们的经验是常常会感觉刺痛，或者感觉被箭射中。

热觉的幻觉常常会蔓延到全身的皮肤表面，这种症状在抑郁症和震颤瘫痪病（paralysis agitans）中最容易出现。患者每

---

① 特编注：原译为"施妥大特"。
② 特编注：原译为"科林司"。

次在寒冷的时候会感觉非常热，有时候会有一种冥火在他面前燃烧的感觉。

冷觉的幻觉发生得极少，发生的情况或限于局部或布满全身。有时候刚开始会有热的感觉蔓延全身，之后会有寒冷的感觉。

触觉的幻觉有时候也会发生，但发生的次数极少，它最普遍的形式是感觉有小虫在全身的皮肤上下爬行。这种幻觉经常会被患者所忽视，只有当皮肤上产生讨厌的感觉时才能引起注意。有些患者会声称感觉有人从其肩膀后面观望，这也是一种触觉的幻觉。腹部的感觉（abdominal sensation）有时候也属于触觉，它的位置在食道、胃或者肠的内部。最后几种感觉统称为"内脏幻觉"①（visceral hallucinations），有时候患者会说皮肤上有湿的、干的或者脏的感觉，这种感觉也含有触觉的幻觉在内，而其他一种元素则是冷或者热的感觉。

上面讲述的痛觉、温觉与触觉等各种感觉的幻觉，我们往往称它们为一般感觉性幻觉（hallucinations of general sensibility）。

五、运动性幻觉（Motor Hallucination）

运动性幻觉是幻觉中极为有趣的一种。这种幻觉会感觉到身体的某个部位有动作，但是实际上并没有动作。这种感觉多发生在口部，患者会感觉有一种压力让他说话，并认为他的想法可以被别人所察觉（这种想法在女性当中出现的比较多）。运

---

① 特编注：此处原著提法为"肺腑之幻觉"。

动性幻觉也可以发生在身体的其他部位，例如有一位患者常常感觉他的手臂突然举起来击打看护者，但实际上并没有这样的事情发生。还有一位患者，认为有人让其呼吸过快或者过深，但实际上她的呼吸和平常一样。后一种现象就是呼吸的幻觉（respiratory hallucinations）的一种。有些患有抑郁症的病人声称自己没有呼吸作用，这也是一种呼吸的幻觉。

六、平衡觉①的幻觉（Hallucinations of the Static Sense）

患有这种幻觉的人往往感觉他的身体倒立着往下坠落。

有些幻觉属于身体的哪个器官很难定位，比如说有一位患者觉得地面在震动，像胶水一样软。这种感觉究竟属于皮肤、筋骨还是关节，就不得而知了。

幻觉的生理基础目前尚且难以明晰，现在有下列三种说法提供了部分的事实根据，姑且记录下来。

（一）中枢抑制作用说②

这种说法是詹姆士（James）所创立的。詹姆士说，幻觉比意向更强烈，并且更有生机。我们如果要解释这件事，最好假定兴奋的传递在大脑的神经通道中，常有难易的差别。如果在大脑中有某种情形发生，而兴奋因此不能传递，那么结果就会是炸裂的现象，这种炸裂的现象在意识方面就是明显的幻觉。

这种学说似有以下几种根据：

---

① 特编注：此处原著提法为"均衡觉"。
② 特编注：原文为"中枢制止作用说"。

1. 这种说法和杰克逊①（Hughlings Jackson）对于癫痫（epilepsy）的解释能很好地对应起来，癫痫的症状是意志力消减和动作变得猛烈。杰克逊认为这是由于大脑中某些部分的抑制作用忽然消减，这样一来神经的力量就会因此有猛烈的倾泻。如果这种情形确实是因为抑制作用消减的缘故，那么幻觉中意识出现明显异常，一定是忽然产生抑制作用导致的。这两种说法可以在两种性质相反的情形之中互相证明。

2. 在癫痫即将发作的时候，患者的眼前好像有四射的光线，耳边突然出现奇特的声音，并且也会同时产生机体幻觉。这种种现象好像是脑病的症状。

3. 在服用酒精或者鸦片之后也会有幻觉产生，由此也可以看出幻觉和大脑的关系。

（二）外周刺激说

这是西德斯②（Sidis）的主张。根据西德斯的想法，幻觉现象实际上是由于感官之外的部分或者内部感觉受到刺激的缘故。他的学说大概如下：如果有一个物质刺激在外周器官当中，并产生一种生理进程，那么这种进程会传达到各种神经元的系统中，从而使得它们活动，于是便会产生一种特殊的感觉。这就是每种特殊感觉产生的情况。如果有很多系统围绕着一个中心相互联络，那么这种机体活动的结果就是知觉（percept）。在这些系统中，如果有一个系统因为受到外周的刺激而产生活动，那么其他的系统也可能会同时活动，这种种由于间接刺激而活

---

① 特编注：原译为"贾克孙"。
② 特编注：原译为"赛底士"。

动的分子，都带着中心分子的色彩，所以其性质不和观念相同。观念没有感觉的性质，而这种分子是有的。这种中心分子有时如果因为种种原因（例如注意的缺乏、感觉强度的低下或者精神生活的分裂）没有进入意识，那么结果就是产生幻觉。

这种学说似乎也能作为联觉①（synaesthesia）现象的根据。联觉是伴随着其他感觉而产生的感觉，例如有人在某种听觉刺激发生时，就会产生某种视觉的经验。一种特殊颜色的感觉会和某种声音相伴随而产生，颜色的感觉也可以由味觉、嗅觉、触觉、痛觉、热觉、冷觉等各种感觉唤起，这就是所谓的"视联觉"②（qhotisms）。有人在听见某些字的时候，便会有颜色的感觉产生。每个字都会引起一种特殊的颜色感觉，这就是所谓的"语言颜色症（verbochromia）"。此外还会有副听觉，就是所谓的"听联觉"③（phonisms）；副味觉就是所谓的"味联觉"（gustatisms），副嗅觉就是所谓的"嗅联觉"（olfactisms）等等。我们在这里提到这些副感觉是因为想借此来解释所谓的幻觉和错觉。这些事实可以表明一种感觉能够被另一种感觉刺激所引起，幻觉也有可能是由于这种情况而产生。但是联觉没有必要和精神病的产生关联。

（三）间脑中毒说

根据这种学说，幻觉的现象是由于间脑（Thalamus）功能的阻碍所导致的。在血液中含有有毒物质时，间脑的神经核也

---

① 特编注：此处原著提法为"同觉"。
② 特编注：此处原著提法为"视向"。
③ 特编注：此处原著提法为"听向"。

会有病态的刺激产生,这种刺激传递到皮层时,被误认为是外界的事物。这种有毒物质对于间脑神经核的影响,可以解释昏迷和紊乱状态中产生的幻觉。

以上各种学说虽然都有各自的根据,但究竟哪种学说较为正确还有待之后的研究来决定。不过有一些事件与幻觉的发生有着因果关系。内耳或者其中枢的网络一旦患病,那么患者每到寂静的时候就能听见声音。眼睛或者大脑后部患病,那么患者能够在墙上看到蛇头或者其他一些图形。鼻部的黏液膜如果不健全,那么会有讨厌的臭味产生。神经通路中的任何部分如果有异常的情形产生,那么患者就可能将这种情形产生的位置误认为位于这种感觉器官的末梢。体内的有毒物质,会对感觉神经通路中的神经元产生直接的影响。

有些幻觉与患者的身体衰弱有关。有一位有幻觉的患者,他的血红蛋白①(Hemoglobin)非常少,在服用肝脏提取物②(Liver extract)之后,血红蛋白的数量恢复正常,而他的幻觉也因此消减。

幻觉也可以由暗示引起,这和体内累积的毒素这一事实没有关系。

上述各种事实似乎表明,幻觉产生的原因各不相同:有可能和体内累积的毒素有关,有可能是和身体的衰弱有关,也可能和心理作用的影响有关。

---

① 特编注:原文为"血球之赤色质"。
② 特编注:原文为"肝精"。

参考文献

Brill, A. A. Psychoanalysis. *Saunders*, 8.

Gordon, A. (1918). Obsessive Hallucinations and Psychoanalysis. *J. Abnorm. Psychol*, 12, 423—430.

Maury, A. Le semmeil et les reves.

Sidis, B. Foundations of Normal AndAbmormal Psychology. *Badger*, 22.

Sidis, B. Symptomatology Psychognosis and Diagnosis of Psychopathic Disorders. *Badger*, 12, 14—15.

Stoddart, W. H. B. Mind and Its Relation to Normal Psychology. *Blankiston*, 1, 2.

Storring, G. Mental Pathology in Its Relation to Normal Psychology. *Sonnenschein*, 19—70.

Taylor, W. S. Readings in Abnormal Psychology and Mental Hygiene. *Appleton*, 20.

第十章　记忆上的症状

记忆的定义。记忆一词有广义和狭义之分，其广义是指机体中由经验发生的一切变化，而狭义只限于可以回忆的事物，普通我们所说的记忆都属于后一种。

上述两种记忆的区别，可以用有意识的记忆和无意识的记忆两个名词来表明。我们如果在幼儿时期因为某物而受到惊吓，那么在后来看见此物就会畏缩，而且不能回忆往日的经验，这就是一种无意识的记忆。在这一案例中，我们的行为由于经验而发生变化，但是我们却不能回忆这种变化的原因。如果我们仍然能够回忆，那么这种记忆就是有意识的记忆。我们需要注意的要点是，从前无意识的反应现在可以变为有意识的，而从前有意识的反应也可以变为无意识的反应。所以我们暂时忘记一件事并不是我们对这个事物的记忆完全消失了。

如果我们知道记忆是如何由有意识的变为无意识的，又是如何由无意识的变为有意识的，那么就可以解决在变态心理学中许多关于记忆的问题。

记忆上的症状有下述几种：

一、超常的记忆（Hypermnesia）

所谓超常的记忆是指平时患者不能回忆的事物，忽然能回忆起来，而且回忆的速度比寻常要快。有时过去生活的历史可以忽然全部显现在眼前，这种现象产生的原因多为体温高度异常或强烈的情绪激动（例如忽然掉落水中的时候）。在这些情形中，平时的神经的抑制作用①（inhibition）会突然消失，于是一切与过去有关的经验都有一种出现在意识中的倾向。

二、遗忘（Amnesia）

一切记忆都包含有四种元素：印象（impression）、保留（retention）、再现②（reproduction）和再认③（recognition）。

（一）印象的遗忘

印象遗忘的原因很多，最重要的原因如下：

1. 不完全的知觉

不完全知觉是遗忘的一种原因，知觉不能完全发展有两种原因：一种是心理的冲突，另一种是注意的散漫。心理上的冲突使人对许多事物不能获得印象，或对某些事物只能获得一部分的印象。注意如果不集中也会出现这种结果，就是"心不在焉，视而不见，听而不闻，食而不知其味"。

---

① 特编注：原文为"制止作用"。
② 特编注：原文为"复现"。
③ 特编注：原文为"认识"。

2. 智能低下①（Amentia）

智力低下者对许多印象不能吸收。所遇到的印象越复杂，其所感觉到的困难越严重。为了避免这种困难，每次所学习的事物应当与我们的能力相符。

3. 痴呆②（Dementia）

属于这一类别的人最初吸收印象的能力与正常人没有差别，但是后来这种能力渐渐下降，这是衰老的现象，老年人对新的经验容易遗忘，而对年幼时期的经验却能详细陈述，如数珍宝。

（二）不完全的保留

不完全保留的意思是印象渐渐消失的意思。根据通常的遗忘规律，最初遗忘的数量极多，后来逐渐减少，到最后变化极少，剩下的分量经过了很长时间而不至于消失，但是有时因为大脑受伤或有病，这种残留也会逐渐消失，例如全身瘫痪病（general paralysis）和皮质梅毒的情况就是这样。根据里博③（Ribot）的回归律④（Law of Regression），记忆上的病症中，最先受到影响的是最近的记忆，然后是时期较早的经验渐渐受到影响，而最初获得的经验和基础稳固的记忆消减的最迟。这个定律与许多事实相符，不过记忆中的某些特殊部分也会完全遗忘，而其他部分不会遗忘。

（三）再现上的遗忘（Amnesia of reproduction）

---

① 特编注：原文为"智慧之低下"。
② 特编注：原文为"智慧之衰落"。
③ 特编注：原文译为"雷波"。
④ 特编注：原文为"归回律"。

属于再现的病症有两种：一是全部生活不能回忆，二是生活中的某些部分不能回忆，但不能回忆的部分仍没有消失，因此我们可以用许多方法去发现。

1. 全部生活的遗忘

这种遗忘幸好并不多见，但只要出现一个事件就足以代表这种遗忘现象的发生，这就是"汉纳案例"（Hanna Case）。此人因头部受伤导致不能回忆全部生活，患者不能认识到自身或他人，这种无知无识的状态与婴儿相似，因此他对所有事情必须重新学习。在经过治疗以后，记忆就会完全恢复。

我们在这里应当注意以下几点：（1）他们第二次学习的速度比平时快，由此可见过去的习惯还是有影响的。（2）患者在睡眠中的行为表现出了过去经验的影响。（3）这种疾病是有治愈的可能的。这三点事实足以表明，过去的记忆仍然存在，不过在一个时期中不能再现而已。

2. 部分的遗忘

根据机能的观点来看，部分的遗忘可以分为系统的遗忘（systematized amnesia）和局部的遗忘（localized amnesia）。在记忆中有些部分被一个共同的情绪联系在一起，组成一个系统，这种系统的分子如果遗忘，那么整个系统就会完全遗忘，而在其恢复时则完全恢复。

在有些事件中，这种遗忘与我们想要避免的事有关。一个病人能够详细陈述儿童时期的生活以及和母亲相关的事情，但关于父亲的事情却全无所知。在经过非常努力的回忆之后才能想起来，而在回忆时的情绪极其痛苦。在回忆他的母亲是如何

被他的父亲所虐待,这是他难以容忍的事,可由下述事实看到此事给他留下的印象是多么深刻:

> 有一次他在父亲发怒以后离开家,到附近的小溪旁,坐在桥下,一直到深夜才回去。那时他的想法集中在成年以后如何为母亲报复怨怒这一问题上。这是系统遗忘的一个例子。

局部的遗忘限于某个特殊的时期,属于这一时期的记忆完全忘却,而在这之前的记忆和之后的记忆却不受影响。导致这种遗忘的机制与导致系统遗忘的机制相似,其差别为下面一点:就局部的遗忘而言,如果想要忘记令人苦恼的情景,那么患者人格的一部分必须抛弃。换句话说,如果我们苦恼的事情与同时发生的各种事件有密切的关系,那么唯一的方法就是把当时发生的所有事件完全遗忘。

(四)再认上的障碍①(Disorders of recognition)

再认作用和再现作用不同,前者是被动的,后者是主动的。前者指当时对事物的适应,而后者是指以前的经验在意识中的再现,这两者不能混淆。再认作用的异常可在下述三点上予以分析:

1. 对于情境的态度

有时我们对于特别熟悉的情境,忽然有未曾见过的感觉,

---

① 特编注:原文为"认识之态度"。

这种态度是因为情境的组成成分有所改变而发生，我们对情境加以分析，就能够自己知道错误。但精神病患者对情境的态度则不同，他们时常觉得一切事物都没有真实性，而且觉得所有的事物都是新奇的。

反之，有时我们对于新奇的情境觉得极为熟悉，其原因不能统一，这种情境或许有一部分与我们已有的经验相同，或许是我们已经历了这种情境，只是回忆不起来了。

2. 对于情境的定向（Orientation）

所谓对于情境的定向是指对于情境中的组成成分予以正确的位置，才能使其符合过去与现在的事实。定向分为三种：空间的定向，时间的定向，人物的定向。

（1）空间的定向

空间的知觉是以一个固定空间的经验为根据，各种经验在这些经验上都有其特殊的位置，这就是格式塔心理学（Gestalt psychology）中所谓的锚点①（anchorage points 或 vet-ankerungspunkte）。这些锚点一旦发生变化（例如在斜置的镜子中观察空间物体时），那么我们的方向就会发生错乱。凡是不利于印象的吸收或印象的记忆的，对空间的定向都有不良的影响。

（2）时间的定向

时间定向往往是以发现事物的次序为根据的，这些事物若有变化，那么我们的时间知觉也会受到影响。例如在海上旅行

---

① 特编注：原文为"碇泊点"。

的时候，秋水共长天一色，因此我们往往不知一天时间的分配，这是我们正常人都会发生的现象。不过一个人如果对年月日都发生错乱，则无疑是精神病患者。

(3) 人物的定向

人物的定向是指我们对于人物的认识。这种能力的消减具有不同的程度：或者有关于较少遇见的人物，或者有关于熟识的人物，甚至自己的家人也不认识。

至于遗忘的原因可分为机体的和机能的两种。机体的原因又可分为三种：一是神经受伤；二是胎儿时期或婴儿时期营养不良；三是某些病症的影响，例如梅毒（Syphilis）、脑膜炎（Meningitis）、婴儿瘫痪（Infantile paralysis）、昏睡症[①]（Sleeping sickness）、结核病（Tuberculosis）等等都是。

至于机能的原因，有许多不同的学说。我们可以注意的有以下几种：

(1) 检查说（The Censorship Theory）

这是弗洛伊德的学说，弗洛伊德认为，如果一件事与不快乐的经验有直接或间接的联系，那么这件事就不会出现在意识中，因为在意识和潜意识之间有一个所谓的检查者（censor）禁止其出现。

其实许多遗忘的事件并不是由于不快乐的经验导致的，例如催眠中的遗忘。此外也有因为缺少趣味而发生遗忘的。所以我们不能说一切遗忘的事件都带有不快乐的色彩。

---

① 特编注：原文为"眠病"。

(2) 神经震荡说（The Mental Shock Theory）

只是常奈（Janet）所主张的学说，根据他的主张，一事物可能因为神经震荡而带有可憎的色彩，因此不能回忆，所以平日遗忘的原因与这种解释不相符。

(3) 废止说（The Theory of Disuse）

这是桑代克（Thorndike）的学说，他认为一个联结[①]（bond）如果有一段时间没有联系，那么其联结的势能必将减弱。我们为什么对于某些事物进行练习，而对其他事物则不进行练习，这是应该加以考虑的问题。

(4) 需要冲突说

根据这种学说，如果有两种性质相反的需要同时发生，那么与较强的需要有关的事物易于记忆，而与较弱的需要有关的事物易于遗忘。第一种学说中的检查者就是指较强的需要。第二种学说中所谓的神经震荡可以包含于性质相反的需要的冲突之内。第三种学说中所谓废止的原因就是需要的缺失。并且需要不一定是积极的，也可以是消极的，例如，避免痛苦也是需要的一种。需要冲突说所能解释的遗忘现象似乎多于第一种学说和第二种学说，并且其解释似乎比第三种学说更加彻底。

参考文献

Burnham, W. H.（1930）. Retroactive Amnesia, Amer. J. Psychol, 14, 382—396.

---

① 特编注：原文译为"联络"。

Coriat, I. H. Abnormal Psychology, Part II, Chaps. 1, 2, 3. *Moffat*, *Yard*.

Coriat, I. H. (1904). Reduplicative Paramnesia, *J*: *Nerv. And Mental Diseasee*, 31, 577—587 and 639—659.

Freud, S. Psychopathology of Everyday Life. *Macmillan*.

Head, H. (1920). Aphasia and Kindred Disorders of Speech. *Brain*, 43, 87—165.

Jones, E. Papers on Psychoanalysis, Chap. 5. *Bailliere*.

Osnato, M. Aphasis and Associated Speech Problems. *Hoeber*.

Prince, M. The Unconscious, Chaps. 1to 5. *Macmillan*.

Prince, M. The Unconscious, Chaps. Ⅰ, Ⅱ, Ⅲ, Ⅳ. *Macmillan*.

Rosanoff, A. J. Mamual of Psychiatry, Chap. 3. *Wiley*.

Sidis, B. Symptomatology, Psychognosis and Diagnosis of Psychopathic Disorders, Chap. 25. *Badger*.

Sidis, B. , &Goodhart, S. P. Multiple Personality, Part Ⅱ, The Hanna Case. *Appleton*.

Stoddart, W. H. R. ; Mind and Its Disorders, Chap. 3. *Blakiston*.

Stratton, G. M. (1919). Retroactive Hypermnesia and Other Emotional Effect on Memory, *Psychol. Rev.*, 26, 474—486.

第十一章　思维[①]上的症候

为了使事实更加清晰，思想上的症状可以分为联想的症状和判断的症状两项来讨论。

一、联想的症候

我们在讨论联想的症状时，可以考虑下面这三个方面：第一个是由于正常的联想发生阻碍而产生的失语症[②]（Aphasias），第二个是病态的联想，第三个是联想中的异常组合和趋势。

（一）失语症（Aphasias）

失语症（Aphasia）一词源于希腊文。A 的意义是无，而 phasia 来自于 phemi，它的意义是语言。所以这个词的意思就是语言的缺乏。后来，这个词的应用范围越来越广泛，它的意义不仅限于语言，还有关于语言的全部作用。语言的作用依赖于健全的感觉和印象，以及语言动作的表现。因此我们有两种失

---

① 特编注：原文为"思想"。
② 特编注：此处原著中为"失悟证"。

语症：一种是运动性失语症（motor aphasia），一种是感觉性失语症（sensory aphasia）。视觉和听觉是接收语言刺激的重要工具，所以感觉性失语症又可以分为听觉失语症（auditory sensory aphasia）和视觉失语症（visual sensory aphasia）。语言可以用语言器官的动作来表示，也可以用书写的动作来表示。所以动作失语症又可以称为语言动作失语症（motor speech aphasia）和书写动作失语症（motor writing aphasia）。

1. 机体失语症（Organ aphasia）的种类，每一种失语症都有它特殊的名称。其中最重要的如下：

（1）听觉失语症（Auditory aphasia）

如果听觉中枢受伤，患者就不能理解他所听到的话，并且不知道他自己说了什么。平时我们在说话的时候，一方面我们能听见自己说的话，而另一方面由这种听觉的经验来决定自己所要说的话。如果他不能理解自己所说的话，那么他所说的话就毫无意义。但是这类患者仍然有阅读的能力，并且能够用笔回答问题。患者在勉强诵读或者口头答复的时候，会手舞足蹈，不知所措，或者大声疾呼，希望可以使别人理解他所说的。

（2）视觉失语症（Alexia）

大脑中的视觉区域（visual area）如果损伤，那么患者虽然理解并且能够答复口头问题，但是不能理解文字，也不能书写作答。也许他可以自动地进行书写，但是他可能不会理解自己所写的文字。

（3）运动性失语症①（Motor Aphasia）

这是由于语言中枢的损伤所致。患者可以说出许多单字，但是他不能把所说的字组织在一起。他虽然也知道自己说的话毫无意义，然而无法去矫正。

（4）失写症②（Agraphia）

患上这种疾病的人缺乏书写的能力，这是由于书写动作中枢受到损伤。

在大多数事件中，大脑的损伤并不是单一的性质，因此，各种失语症可以同时表现。

2. 机能失语症

患有失语症但没有机体基础的病症。这种病患容易恢复其失去的能力，并且他们恢复的情况非常神秘。

（二）联想的变态

联想的变态可以分为以下几种情况来讨论：1. 联想能力的减退；2. 思维奔逸③（flight of ideas）；3. 强迫观念（imperative idea）、固定观念（fixed idea）和自生观念（antochthonous idea）。这里分别叙述如下：

1. 联想能力的减弱——联想可以分为自主（voluntary）和自动（automatic）两种。自主的联想被一个中心观念支配。比如白马的白，白玉的白，白雪的白，就是用白色作为联想的中心观念。自动的联想就是随心所欲而没有中心观念的支配。

---

① 特编注：原文为"动作失悟症"。
② 特编注：原文为"书写动作失悟症"。
③ 特编注：原文为"观念之飞扬"。

自主联想的延迟,是许多精神病发展进程中的现象,表现为理解作用的延迟和反应时间延长。反应时间就是对一种印象加以反应所需要的时间。

这种情况有三个阶段:在第一个阶段中,集中精力工作的能力降低,容易疲劳;在第二个阶段中,心智混沌;在第三个阶段中,一切自主的精神活动完全停止。

联想的迟滞和注意力的减少具有密切的关系。这两种现象常发生于某种抑郁症中,在昏迷状态中达到最高的程度。但也可以和过度自动的心理现象相联系。这种自动的现象可能是注意的无定性和思想的杂乱(思维的奔逸或者思维的不连贯)或是意念的坚持(强迫观念、固定观念、自生观念)。

2. 思维奔逸和思想不连贯的现象

这两种症状代表同一病态进程的两个阶段。

思维奔逸就是指许多意念相继而起,没有次序。下面所说的是一个躁狂病患者几分钟之内的谈话,可以表明这种现象的性质:

"现在我要做一个脾气很好的病人,无论什么事情比如补网、擦地板、铺床,我是无所不能,但是没有一技之长(望着看护)。但是当我躺在床上时,我不喜欢女人伺候,我是害羞的;这都是因为我要再结婚。唉,我很喜欢说话,我服务于纽约唱机公司。你是一个医生,但是我不相信你知道多少法律,你知道吗?我要求你请一个律师来,我要他作证。"

前人常常以思维奔逸作为正常精神作用过度活动的结果。其实这种过度的活动只影响自动的精神作用，而且同时较高的精神作用减弱。

在思维奔逸的现象中，各种表象之间是有关系的，可以使它们相互联系，并且这些关系虽然只限于表面，但仍不失为实际上的关系。至于思想不连贯的现象，则是各种表象相继而起，而没有明显的关系用来维系。下面所讲的例子是一个患有早发性痴呆的患者（dementia praecox）所说的一段话：

"你写字。他正在写字。不应当写字。不过就是这样。我一定知道你的背上有一块，不过就是这样。我向窗外观看，我不知道地道的布告是什么。"

这几句话可以表明极端的精神崩溃的现象。

这两种症状（即思维奔逸和思想不连贯）常常会先后发生或者同时发生。最显著的例子就是躁狂症（mania）者的思维。患有早发性痴呆的病人会同时有这两种情况，不过为数较少。

3. 强迫观念，固定观念和自生观念

我们在前文已经说过，精神自动作用往往会使一个观念占据全部的意识，且挥之不去。

这种现象表现为下面这三种形式：

（1）强迫观念

强迫观念就是一种观念和患者的意志相逢而出现在他的意

识中。患者认识到这种观念的病态性质，而且要求设法除去，这就是一种强迫观念。

（2）固定观念

固定观念能和其他观念互相调和，因此患者从未认识到这种观念是一种病态的表现。例如有一个母亲在失去她的儿子后，还深信如果能够使用某种药剂就能让他避免死亡。这种观念永不会脱离她意识的范围，而且她认为这是一种应有的观念。

固定观念是某种妄想的基础，尤其在妄想狂中最显著。不过这种观念不一定属于变态，正常人也常有。复仇的观念就是一个例子。

（3）自生观念

自生观念是在正常的联想范围之外，这和强迫观念相同，不过患者对这两种观念的解释是不同的。患者认为强迫观念属于病态，而对于自生观念，则视为有人暗中作祟的结果。例如有一个母亲常常有杀子的想法，却认为是她的邻居使她这样的。

二、判断的变态

判断是确定两个或两个以上表象之间关系的活动。倘若这种关系纯属想象，那么得出的结论一定是有错误的。这种结论如果和事实完全相反，就是妄想（delusion）。

患者的妄想可以组成一种妄想系统。妄想系统中的观念，要么纯粹属于想象，要么即使有事实的根据，也是一个错误的解释。后一种情形有"错误的解释"（false interpretations）之称。"错误的解释"在包含过去的事实时，被称为"回忆之伪"

(retrospective falsifications)。

有时一种妄想的状态可能是继发于做梦,它和梦境相混合而成为梦的一部分。这就是所说的"梦境谵妄"①(dream delirium),在许多传染和中毒的精神病中有这种现象。

妄想几乎都有复杂的性质,即在所谓的偏执狂②(monomania)中也有许多附属观念,产生于主要的病态观念。在有些事件中,几种妄想念头可以并存而不发生关系。但在其他的事件中,这些观念可以组成一定程度上合乎逻辑的系统。前一种情形中的妄想,即所谓的"不连贯的妄想"③(incoherent delusions);而后一种情形中的妄想,就是所谓的"系统化的妄想"(systematized delusions)。

无论妄想是否系统化,它和患者的情绪状态一定是相符合的。在病态进程的强度降低时(例如渐渐痊愈或心智衰退的时候),这种符合性渐渐消减。就心智衰退者而言,他的妄想往往不会影响他的情绪和反应。患者称自己是皇帝,却仍然可以毫不羞愧地拿着扫帚做仆役,或者说自己没有胃口,却仍然能够大吃特吃。

就大体来看,幻想可以分为以下三种:一是抑郁的妄想,二是逼迫的妄想,三是自大的妄想。

(一)抑郁的妄想

抑郁的妄想常常发生于精神病刚开始的时候,但在这种病

---

① 特编注:原文为"梦迷"。
② 特编注:原文为"一念狂"。
③ 特编注:原文为"不想关联的妄想"。

发展的整个进程中仍继续表现，例如退化抑郁病（involution melancholia）中的妄想就是其中一例。

主要的种类有：卑贱的观念和罪恶的观念，衰败的观念，忧郁的观念，否认的观念。

1. 卑贱的观念和罪恶的观念

患者认为自己没用，不足以受到别人的重视，并且用想象的错误或罪恶来自我责备。他常在他过去的生活中寻求一个无关紧要的事情，并当作是非常严重的事情。犯罪的观念引起惩罚的观念，于是他常预料到自己被人逮捕、杀死及诸如此类的事情。

2. 衰败的观念

这种观念在衰老病患者中发生较多。患者相信自己完全破产，不久将成为途中的饿殍。

3. 忧郁的观念

这种观念与患者的身体方面有关，例如胃部停滞，患有不治之症等等都是；或者是关于心理方面，例如智力丧失，意志摧残。忧郁的观念有时候是以一种真正的疾病为根据，不过患者会赋予它错误的解释。

4. 否认的观念

在有些事件中，这种观念关于患者的自身，是忧郁观念的极端表现。例如患者认为他的头部、心脏等等都已经完全被摧残，骨骼化为空气，身体不过是一个幻影而没有真实的存在。在其他的事件中，患者则对于外界的事物加以否认，例如地球不过是一个幻影，宇宙不复存在等观念。

忧郁的观念和否认的观念，经过一种特殊的进程，可以引起不朽或无穷的观念。患者觉得他的机体既然已经毁灭，于是超乎自然规律之上，因此不能消灭，而且有永远受苦的必要。他也可能会觉得他的身体充满于天地之间。

忧郁的妄想是心理的抑制作用和痛苦的情绪状态的表现。这两者是忧郁状态的基础。

根据塞格拉斯[①]（Seglas）的意见，抑郁的状态有下述几种主要的特征：

1. 抑郁的妄想具有单调的性质：同一个妄想去而复来，而且抑制作用使得新观念不能表现出来。

2. 此种状态有自卑和被动的性质。患者只责备自己而不责备别人，把一切虐待看作应有的结果，而不做出抵抗。

3. 至于时间的位置，妄想可以关联过去和未来。患者想象在过去的时期中犯有罪恶，而预料惩罚将要到来。在这点上，抑郁的妄想和逼迫的妄想不同。患有逼迫妄想症状的人认为逼迫就在眼前，而抑郁患者则认为将来才会受到惩罚。

4. 从发展的观点上来看，抑郁的妄想有向外发展的趋势。患者所想象的困难是以自身为出发点，从而渐渐涉及他的朋友、国家和宇宙的全体。这一切都是因为患者本身的罪恶而产生的痛苦。

5. 抑郁的妄想为忧郁所致。在这点上，这种妄想和其他妄想相同，因为它们都是患者情绪状态的表现。

---

① 特编注：原文译为"色格拉士"。

抑郁的妄想有两个严重的结果：自杀倾向和绝食行为。

（二）逼迫的妄想

逼迫的妄想在痛苦的性质上和抑郁的妄想相同，但是有下述的区别：患有抑郁妄想的人自命为罪人，因此甘受惩罚。患有逼迫妄想的人，他们自己认为没有罪，常常有抵抗的表现。

逼迫的妄想可分为两种，根据有无幻想而定。

第一种和可厌的幻觉相联系。这些幻觉中，以属于听觉器官和普通感觉（即指触、温、痛的感觉）的幻觉最为显著。经过某些时期以后，就有精神崩溃的现象产生，比如动作的幻觉、自生的观念、人格的分裂等等。

第二种逼迫的妄想和错误的解释具有特别的关系。患者对于任何偶然的事件都认为是含有恶意的。他人的语言和行为都是仇视的表现。这种逼迫妄想是某些精神病刚开始常有的症状，而且是妄想症（paranoia）中的基本现象。

有些患者不知道逼迫者是谁，有些患者则归咎于特殊的人或特殊的群体。

在一切妄想中，逼迫妄想是强而有力的。患者执着于这种观念而不愿做出改变。在进行病症预后①（prognosis）的评估时，这种观念没有一个确定的意义，不过比抑郁观念更为重要。

在一切妄想中，这种妄想是最有系统性的，且具有积极的演进。一个完全的逼迫妄想系统应当含有下述几项特征：1. 对于逼迫的性质应有确切的观念。2. 对于逼迫者的目标和所应用

---

① 特编注：原文为"预测"。

的方法，应有一定程度上确切的知识。3. 一定有一种自卫的计划，能和妄想的性质相符。在检验患者的时候，我们必须设法确定这几点，因为这有实际上的重要性。

（三）自大的妄想

自大的妄想大多发生于心智衰退的人中，并且往往有荒谬的性质。这种性质实际上是心智退化的象征。患者有的说自己是尊贵的天子，坐拥四海，而不能察觉到其实和实际情况相去甚远。有人问一个全身瘫痪的患者："如果你是上帝，为何被人关起来？"他简单的答复是："因为医生不让我出去。"自命为帝王的人，即使做身份低下的奴役也没有任何羞愧的表情。

如果患者心智的衰退没有到达极低的程度，那么他的行为会较有逻辑。有些患早发性痴呆（dementia praecox）的人常常有庄严的风采，不屑和其他病人沟通接触。一切劳力的事都用一笑来拒绝。

参考文献

Bleuler, E. Textbook of Psychiatry, Section on Paranoia. *Macmillan*.

Jones, E., Papers on Psychoanalysis. *Wm. Wood*.

Jung, C. G. Analytical Psychology. *Moffat, Yard*.

Jung, C. G. Psychological Types, Chap. X. *Harcourt*.

Kent, G. and Rosanoff, A. J. A Study of Association in Insanity. *Amer. J. Insanity*, 1010, 67.

McDougall, Wm. Outline of Abnormal Psychology,

Chaps. 20 and 28. *Scribner*.

Rosanoff, A. J. Manual of Psychiatry. *Wiley*.

Posanoff, A. J. Manual of Psychiatry, Chap. 5. *Wiley*.

Southard, E. E. (1912—1918). On the Somatic Source of Somatic Delusions. J. *Abnorm. Psychol.* 7, 326—339.

Stoddart, W. H. B. Mind and Its Disorders, Chap. 8. *Blakiston*.

Symposium on the Relations of Complex and Sentiment. (1922). *Brit. J. Psychol.*, 13, 107—148.

White, W. A. Mechanisms of Character Formation, Chaps. 4. 10, 11. *Macmillan*.

White, W. A. Outline of Psychiatry, Chap. 8. *Nervous and Mental Dis*, *Pub*. Co.

第十二章　情绪上的症状

在一切精神病发展的进程中，情绪都有病态的变化。这些变化发生最早，而且往往出现在其他症状发生之前。

情绪主要的变化是：情绪的减少，情绪过度的表现，病态的抑郁，病态的愤怒，病态的恐惧，病态的欢乐和病态的爱情。

一、情绪的减少

这种症状极端的现象是一切情绪表现的缺乏，患者处于一种淡漠无情的状态，例如在极端的心智退化的情形中（全身瘫痪病与末期的衰老病）就有这种症状。这种现象表现较弱的是高尚情感与复杂情绪的丧失，而较为卑劣的情绪则仍能保留，或常有过度的表现。博爱的倾向消减最早，而自私的倾向则不会受损，患者的行为仍受到物质欲望的支配。有许多患者在其亲友来访时仅注意所赠之食物，而对于这种社交关系则完全不感兴趣。

淡漠无情的状态，或是有意识的，或是无意识的。在有意识的情形中，患者特别感受到这种状态的痛苦，常向人说："我丧失了一切感情，没有什么事情可以使我激动或者快乐或者忧愁。"精神病初起时常有这种情形，而且有些疾病在整个进程中都会出现这种现象。

后一种情形（即无意识的无情状态）较为普遍，患者对于情绪的减少完全没有知觉，心智衰退者常有这种状态。

二、情绪过度的表现

在精神病中，情绪过度的表现是一个发生最早的症状。有时在其他症状尚未发生以前，早就有了这种现象。患者以前是一个和蔼可亲的人，而现在却动不动就发怒，因此他的亲戚朋友常惊讶他的人格变化之大。

情绪的变态是所谓"本质精神病态"（Constitutional Psychopathic States）的特征，这类患者的情绪表现与其原因完全不相称。例如患者可能因为一只牲畜死去表现出无穷的悲戚，或因看见血迹就昏倒不省人事，或因为某个细节而整晚睡不着。他对于任何事情，都进行恶意的解释，因此容易被人所触犯。不过其情绪的表现虽有强烈的性质，但持续时间比较短暂。

三、病态的抑郁

病态的抑郁有自动与被动两种。这种区别是以有无精神痛苦和强度为根据。精神痛苦在自动的抑郁中极为显著，在被动的抑郁中则不显著。仲马（Dumas）[①] 说："被动的抑郁并非缺乏痛苦的元素，只不过这种痛苦不是锐利而明显的，仅仅是一种漠然无定的知觉而已。"[②]

（一）被动的抑郁

被动的抑郁的基本现象是憔悴、失望与退让，它与意志缺乏的现象[③]（aboulia）及感觉缺失[④]（moral anaesthesia）的现象经常相关联，此外可能会有妄想与幻觉产生。

抑郁常与外周血管收缩（vaso-constriction）的情形有关。在极少数的情况下，虽有外周血管收缩的现象，而心脏跳动仍能保持势能，血压因此而增高，这是第一种形式的抑郁症，即所谓高血压现象（hypertension）。但是在有抑郁症时心脏几乎是和全身同时呈现虚弱的状态，因此外周虽有血管收缩的现象而血压仍然降低，这是第二种形式的抑郁症，即所谓"低血压现象"（hypotension）。

呼吸的异常也是常见的现象，患者呼吸短浅而且没有规律，二氧化碳排出的分量也有减少的趋势。

一般的进食也会受到不良的影响，其结果是体重的减轻。抑郁必须完全消除，才能恢复原来的体重。

食欲减少，舌部有苔，口有恶臭，消化进程感觉不舒适，上腹部总是有疼痛，便秘几乎是常有的现象。

---

① 特编注：此处原著提法为"杜麻"。
② Dumas. G.：*La tristesse et la joie*. Paris：F. Alcan. 29.
③ 特编注：原文为"动作停止之现象"。
④ 特编注：原文为"麻木不仁"。

新陈代谢作用的迟缓，也表现在尿液量和质两者的变化之中。每二十四小时内所排泄的分量与尿的尿素（urea）及磷酸（phosphoric acid）的分量都在减少。

（二）自动的抑郁

自动的抑郁的特征是精神痛苦。这种痛苦有相当的强度，能被患者感觉到。

精神痛苦达到某种强度时，便有焦虑不安（anxiety）的结果。这种现象的主要特征是压迫或收缩的感觉，多半位于心前区（precordial region），有时也位于上腹部或喉部，头部有这种感觉的情况较少。这种特别的感觉，常有某些生理现象相伴而起。其中最严重的表现为皮质苍白，或有时发青（cyanosis），呼吸急促，全身颤栗，脉搏缺乏规律而且加速，瞳孔放大。

焦虑不安的现象常发生在抑郁症（melancholia）中，在强迫症（obsession）中也有这种现象。

从反应方面看来，精神痛苦有两种表现：一种是精神运动性的瘫痪（psychomotor paralysis），或是各种亢进的现象。在前一种情形中，患者毫无活动且面带忧郁。第二种情形较为普遍，其表现形式是妄想和动作的激越，这种动作的激越很明显带有极端绝望的表现。

自杀是精神痛苦的结果之一。多数抑郁症患者虽有自杀的欲望，但因不能活动，所以这种欲望不能实现。至于精力略强的人，就会有屡次自杀的尝试。

妄想是精神痛苦中常有的现象，然而并非必然具有的现象，有患者虽感到痛苦但是没有妄想的现象。

四、病态的愤怒

与其他情绪相同，愤怒也有生理上的变化。在愤怒的状态中，心跳与呼吸的速度都会上升。肾上腺（adrenals）分泌多量的肾上腺素（adrenalin）输入血液。其影响不只是消化作用的减少，而且包括心脏与肺部活动的增加。因此肝也分泌多量的肝糖（glycogen），而骨骼上的肌肉效率也同时增高。

有些患者特别容易激动，几乎任何情境都可以引起他愤怒的反应，这是患癫痫病者屡有的症状。在其他的精神病中，病态愤怒的现象也经常出现。

五、病态的恐惧（phobias）

所谓病态的恐惧，即指对于某一种特殊对象不应恐惧却感到恐惧，或有极端恐惧的态度。任何事物都可能变成病态恐惧的对象，所以病态恐惧的种类数目很多，下面所列举只是表示这种恐惧范围很大而已。

1. 恐高症[①]（Acrophobia）
2. 广场恐惧症[②]（Agoraphobia）
3. 社交恐惧症[③]（Anthropophobia）
4. 闪电恐惧症[④]（Astraphobia）

---

① 特编注：原文为"对高处之恐怖"。
② 特编注：原文为"对露天之恐怖"。
③ 特编注：原文为"对一般人或对某一人之恐怖"。
④ 特编注：原文为"对雷或其他天气现象之恐怖"。

5. 幽闭恐惧症①（Claustrophobia）

6. 对害羞的恐惧（Ereutophobia）

7. 恐女症②（Gynophobia）

8. 恐血症③（Hematophobia）

9. 不洁恐惧症④（Misophobia）

10. 对独居的恐惧（Monophobia）

11. 对新奇的恐惧（Neophobia）

12. 对黑暗的恐惧（Nyctophobia）

13. 人群恐惧症⑤（Ochlophobia）

14. 疾病恐惧症⑥（Pathophobia）

15. 对犯罪的恐惧（Peccatiphobia）

16. 活埋恐惧症⑦（Taphephobia）

17. 对死的恐惧（Thanatophobia）

18. 对神的恐惧（Theophobia）

19. 对毒药的恐惧（Toxophobia）

20. 动物恐惧症⑧（Zoophobia）

恐惧的范围既然这么大，我们绝对不能用一种方式来解释

---

① 特编注：原文为"对闭处之恐怖"。
② 特编注：原文为"对一般女人或某一女人之恐怖"。
③ 特编注：原文为"对血之恐怖"。
④ 特编注：原文为"对染污之恐怖"。
⑤ 特编注：原文为"对群众之恐怖"。
⑥ 特编注：原文为"对一般的病或某一种病之恐怖"。
⑦ 特编注：原文为"对活葬之恐怖"。
⑧ 特编注：原文为"对一般动物或某一动物之恐怖"。

一切恐惧。天然的恐惧为数不多，所以我们在解释患者的恐惧时应当追溯其发生的原因。如果只是说这是一种想象的结果，必然无益于事。我们必须首先发现其原因，然后予以相应的处理。①

六、病态的欢乐

病态的欢乐，也有两种表现：一种是静默的欢乐，一种是活跃的欢乐。第一种的欢乐是一种不确定的舒畅感觉，在全身瘫痪病中常有这种现象。另一种欢乐则较为普遍，这种欢乐伴有运动性反应，二者相互配合而产生。躁狂症、激越性的全身瘫痪以及中毒性昏迷常有这种现象。

欢乐促进联想的进行和运动反应的速度，这两种现象未必是真正的精神活动的符号。在病态的欢乐状态中所表现的联想常常杂乱无章，而运动反应也仅有冲动的形式。欢乐状态如果有极端的发展，那么联想的形式就是思维奔逸。

七、病态的爱情

病态的爱情的表现不止一种，在这里我们只讨论同性恋②（homosexuality）。所谓同性恋，即指爱情的对象是爱者的同性，这种爱情有各种程度的表现。

同性恋的倾向有三种解释是我们应注意的。这里分别述之

---

① 萧孝嵘著：实验儿童心理学. 中华书局出版，第一〇八至一〇九面。

② 特编注：此处原著为"同性爱"。

于下：

(一) 弗洛伊德的学说

弗洛伊德把同性恋视为后天的产物。他认为同性恋者在幼儿时必定经过一个阶段，当时爱情的对象往往是他的母亲，或是他的姐妹。但这种爱情的倾向是患者自我所不容许的，因此会加以抑制。抑制的方法就是让自己位于其对象的位置，使爱母亲或爱姐妹变为爱其自身，这就是所谓的"自恋现象"（Narcissism）。这个词来源于一个神话，纳西索斯[①]（Narcissus）是那个时代中最美的男子，向他求婚的女子，都受到了拒绝，于是她们请求赏善罚恶的女神来惩罚他。于是这位女神让这个男子与他在水中的影子相恋，使爱情的对象可望而不可即。弗洛伊德借用这个名词来表明自恋的意思，他认为人因为有自恋的倾向，所以专门寻求同性。

(二) 埃利斯[②]（H. Ellis）的学说

根据埃利斯的主张，有些事件或与弗洛伊德的解释能相符合，但这种解释没有普遍的价值。同性恋者幼时对母亲的爱甚于常态儿童，甚至达到了不能与母亲分离的程度，这一事实不能立即被视为是两性之爱。真正的原因就是：患者感觉母亲的兴趣和自己的兴趣相同，而与同性者的兴趣则不同，所以这种吸引是有两性的性质，而与母亲之间则没有这种性质。且有多数的同性恋者，幼时受其父母或兄弟所吸引，这与弗洛伊德的学说是不同的。

---

① 特编注：原文译为"纳西撒士"。
② 特编注：此处原著为"爱理士"。

（三）阿德勒[①]（Adler）的学说

阿德勒对于前两种学说都有不满。他对于第一种学说的批评有两点：

1. 所谓儿童时期中同性恋的经验，无论是近似的还是真实的，都是一种普遍的现象，但是后来保留同性恋的人为数极少。

2. 患者关于儿童时期同性恋经验的描写，常有模糊不清的性质，因此不能视为同性恋的根据。

这两种事实，可以表明弗洛伊德的学说难以成立。

阿德勒对于先天说也有所批评，理由有两个：

1. 主张先天说者从未提到过男性同性恋者所具有的女性因素，或比女性具有的女性因素更为显著的部分。也就是说，在女性的特质上，男性同性恋者与真正的女性是相等的，但是事实上，男性同性恋者有过之而无不及者。据研究者发现，男性的同性恋者似乎缺乏男性的倾向，而在正常的女性中则还有男性倾向的表现。这种事实与女性特质遗传说不相容，因为男性的同性恋者，如果是由于女性特质的遗传，男性同性恋者在女性特质上与女性相等，而其男性的倾向也应当有所表现。其实患者的男性倾向是因为环境的关系而被抑制了，并非因为遗传的影响而趋于减少。

2. 第二类事实即所谓适应的同性恋（the facultative homosexuality），这种事件为数甚多。所谓适应的同性爱，即指下述事实：人在儿童时期中，或在长时期的旅行中（例如水手、罪

[①] 特编注：此处原著译为"阿德拉"。

犯或士兵的生活),或在寄宿学校中往往有这种经验。根据多数见闻最广者的意见,适应的同性恋其实是一种正常的现象,这种事实又与遗传说不符。

根据阿德勒的主张,同性恋的原因应当追溯至患者的历史背景之中。这种背景是发生在同性恋的经验之前。同性恋者幼时的装束,经常和一般人不同(即指男扮女装或女扮男装的事实),而他人也以异性对待他们,并且他们常与异性共同游戏,因此对于其本身在性的方面的认识,比正常人稍迟。他们往往认为自己不适合正常的性生活,并且寻求无价值的理由,以证实这种态度(例如语言没有阳刚之气,或须发的坚韧性不如其他男子)。总之,他们尽力发现一切事实是其态度的根据。

同性恋者对于两性的倾向原本就有冲突,然而在其他各方面生活中,期望的男子标准也有所缺乏。其最显著的特质有两个:一个是过度的好胜,另一个是极端的怯懦。这两种倾向彼此不能相容,因此他们希望发现一种情境可以避免一切可能的危险。如果在对性的认识困难外,再加上贫寒的家境,或父母感情的决裂,他们成就理想所能采用的方法就更为狭窄,其主要的问题,自然是异性的关系。这种问题的解决方法不一:有完全拒绝异性者,有对于男女两性均不拒绝者。不过这类患者都有轻视异性的态度。总之,同性恋者对于生活的态度常有一种犹豫的性质。我们如果能认识到这一点,那么他们对于异性的态度就易于理解了。患者对于异性也担心不能适应,所以会犹豫,且因此而爱上同性。

八、情绪测验的方法

情绪的组织很复杂,而且表现的形式又不一致,所以情绪在数量方面的研究极为困难。在一切情绪测验的方法中,以自由联想测验与心电反射(psychogalvanic reflex)的测量较为可靠。

1. 自由联想法

这种方法是诊断室中可采用的唯一方法。我们借此可以确定患者情绪的原因,而由这种方法得到结果,可作进一步的数量分析。

情绪研究的主要困难,是社会训练的影响。这种训练使多种情绪不能表现出来,这是保护自己的必要条件。在这种情形之下,我们在研究情绪时,必须首先获得受试者的信任,使患者了解任何情绪的表现,都不会损害他本人的名誉。

2. 心电反射的测量

这种方法是把两个电极放在受试者的身体上,电极与一个电流测量器(galvanometer)相连。在受试者有情绪反应时,工具上的指针就会移动,指针移动的现象即所谓的"心电反射"。受试者如果在某种情境中有抑制情绪的可能,则这种工具就可以用来确定有无情绪反应,不过这种方法对于神经不稳定者很难实施。

总之,现今情绪研究的方法尚且不成熟,我们应致力于工具的改良,才能获得可靠的结果。

参考文献

Cannon, W. B. (1929). Bodily Changes in Pain, Hunger, Fear, and Rage. *Appleton*.

Feelings and Emotions: The Wittenberg Symposium. *Clark Univ. Press*.

Freyd, M. (1924). Personalities of the Socially and Mechanically Inclined, *psychol. Rev. Monog*, No. 151.

Frink, H. W. Morbid Fears and Compulsions. *Moffat, Yard*.

Gordon, R. G. (1926). Personality.

Harrow, B. (1922). Glands in Health and Disease.

Hollingworth, H. L. (1922) Judging Human Character.

Jones, E. Paperson Psychoanaleysis, Chaps. 27 — 29. *Bailliere*.

Lentz, T. F. (1925). An Experimental Method for the Discovery and Development of Tests of Character.

Marston, L. R. (1925). The Emotions of Young Children, *Univ. Iowa Stud. in Child Welfare*, 3, No. 3.

Mc Curdy, J. T. (1925). *The Psychology of Emotion*.

Myerson, A. (1922). Foundations of Personality.

Neill, A. S. (1927). The Problem Child.

Porteus, S. D. (1920). A Study of Personality of Defectives with a Social Rating Scale. *Publications of the Training School at Vineland*, No. 23.

The Porteus Tests, (1919). *Vineland Revision Publications of the TrainingSchool at Vineland*, No. 16.

Shand, A. F. (1920). The Foundations of Character.

Smith, W. W. (1922). The Measurement of Emotion.

Wechsler, D. (1925). The Measurement of Emotional Reactions.

第十三章　动作上的症状

关于动作症状的叙述，应当包含简单动作和复杂动作两种。不过在"诊断与检验"这一章中，我们对于各种反射已经讨论过了，而关于瘫痪也有所叙述，因此已经论述过的内容就不在此赘述。我们在下面所讨论的现象，仍然是从简单到复杂。

一、肌肉紧张① (Muscular tonus)

肌肉紧张是一种部分肌肉收缩的情形。这种收缩可以维持很久，因此他所产生的疲劳就很少了，这就是躯干和四肢肌肉的常态状况。肌肉紧张所受的刺激是由感觉神经传导而来的，谢林顿②（Sherrington）曾经表明，这种反射紧张和姿势的维持有关，我们在维持姿势的时候会继续获得感觉印象，因而肌肉在刺激的作用下维持原有的姿态。

---

① 特编注：原文为"肌肉之健性"。
② 特编注：原文译为"薛林吞"。

肌肉紧张的变态情况有两种：一种是过度紧张①（hypertonicity），另一种是紧张缺乏②（atonicity）。

（一）过度紧张

在某种情形当中，尤其是在情绪波动的时候，肌肉的紧张表现出增强的趋势，肌肉紧张会长时间不变。这种紧张的增加，常常是为之后的剧烈运动做准备，如果活动被人制止，那么紧张的情形就达到了变态的程度，这就是情绪波动的符号。

（二）紧张缺乏

这是一种极端衰弱的现象。这种现象可以表现在某一部分或者全部的肌肉中，在淡漠无情或者抑郁的患者中，经常会产生这种症状。患者可以一整天都独自坐着，没有动作，他的行为完全受他人支配，就像傀儡一样。

寻常人表现出上述症状中的任何一种，都有必要去检查身体。它的发生有时候是腺体的原因，也有时候是营养方面的原因。肌肉过度紧张也有可能是生理刺激导致的。倘若做了所有的身体检查都没有什么发现，那么患者的情绪生活应该有彻底分析的必要。

二、瘫痪 (Paralysis)

根据常奈（Janet）的观察，机能瘫痪往往是由于极小的意外导致的，只不过患者当时肯定存在着强烈的情绪，而且在想象方面必定存在混乱的现象。它表现为躯干瘫痪或者偏瘫

---

① 特编注：原文为"超常之健性"。
② 特编注：原文为"健性之缺乏"。

(hemiplegy），要么是双腿瘫痪（paraplegy），要么是某一侧肢体瘫痪，或是某一个肢体的某一部分不能活动。最后两种也被称为单肢瘫痪（monoplegy），这种瘫痪有以下特征：

（一）患病的是一组肌肉而不仅限于某条特殊肌肉，并且在这组肌肉当中，只有那些与身体某部分功能有关的肌肉才会产生瘫痪的症状，而在这种功能范围以外的部分是不受影响的。

（二）如果半身不遂是由于大脑失血产生的，那么患者仍然能够移动患病的部位。至于因患癔症导致的半身瘫痪，患病的部位完全不能活动。前一种患者在行走的时候能够使用腰部的运动，使他患病的腿做侧面的螺旋摆动，而后一种患者则只能将他患病的腿拖着走。

（三）患机能瘫痪症的患者，如果注意其他的地方，那么患病的部位仍能够活动。

（四）这类患者往往既能跳也能爬，却唯独不能行走。

三、肌肉强直症（Catalepsy）

肌肉强直症有两种，可以分别作如下描述。

（一）蜡样屈曲①（Cereaflexibilitas）

患者没有自己活动的倾向，整日都只采取一种姿势，就像石像和木偶。如果有人移动他的身体，想让他换一种姿势，那么这种姿势也将固定不变。我们如果让正常人伸出一条手臂，并呈直线，在外力脱离之后，这条手臂就会立即下坠，但是对

---

① 特编注：原文为"肌肉易挠症"。

患这种病症的人来说，他的手臂会伸直一天，并且不会感觉疲惫。如果问患者为什么手臂不会下坠，他们会说："是你让我这样的呀"。他们虽然知道这不过是一次戏弄，但是他的手臂位置仍然不会有变化。

（二）肌紧张木僵①（Rigid catalepsy）

这种病的患者也会采取一种固定姿势，且不容易改变。他们所采取的姿势是由观念支配的姿势，而并非是完全没有意识。所以如果要改变这类患者的姿势，就需要用暗示的方法，而不是采用强迫的方法。

根据以上所说的内容，这两种病症有两个区别：一种区别是关于姿势改变的方法。蜡样屈曲患者的姿势可以随时用机械的方式进行改变，而不必了解这种变化的意义。而对于患有肌紧张木僵症的病人来说，则有必要了解新姿势的意义。

另一种区别是关于姿势的意义：蜡样屈曲患者的姿势是没有意义的，他们受到思想的束缚，不会顾及此外的一切事物。因此他的身体也可以看作是身外之物，任由他人处置而不抵抗。而对于患有肌紧张木僵症的病人来说，他们的身体功能也是人格的一部分，他们所采取的姿势实际上是一种心理冲突的结果。所谓心理冲突，可以用下列例子来表明：有一位患者被两种心理倾向折磨，一个是复仇的倾向，另一个是戒杀的倾向。他通过研究佛学产生了戒杀的倾向，因此他常常采取一种戒杀的姿态来制止其他倾向的实现。所以这名患者每天都合掌端坐，因

---

① 特编注：原文为"肌肉难挠症"。

为这是他信佛的标志。

四、战栗症（Tremors）

战栗症的形式各不相同，因此分类的方法也不同。这种症状有的是由机体损伤导致的，有的是由机能变态导致的。我们根据战栗症的形式，很难确定病症的起因背景。

战栗症可以分为阔大和细微两种：在阔大战栗症中，运动速度较慢而范围较大。大致来说，阔大战栗症的原因大多属于机体，而细微战栗症的原因则大多属于机能。

意向战栗症[①]（Intention tremor）是一种特殊的现象，患者的肢体在活动停止时完全没有战栗的症状，但在做自主运动时，会表现出细微的战栗，并且在运动进行的过程中，战栗的范围会逐渐扩大。意向战栗症虽然能被情绪影响——情绪能增加战栗的作用——但是这种症状的基础一定是属于机体的。这种症状与变态心理学的关系并不密切，但是容易被误认为是机能的病症，所以在此提及。

五、运动失调症（Ataxia）

运动失调症是指无规律或者无系统的动作，原因大多是运动中枢的损伤。

运动失调虽然大都是机体疾病，但是在患有机能疾病的病人当中也会有这样的现象。所有运动失调症，最初都应看作是

[①] 特编注：原文为"意志战栗症"。

机体损伤的信号，如果在经历精密的检查之后，没有发现机体损伤，这种症状才能被视为一种机能上的异常。

下面所述的检查方法，有助于这种疾病的诊断。

（一）静态失调症（Static ataxia）的检验

其中最重要的一部分是罗姆伯格征（the Romberg sign）的检验。这种方法是让患者闭上眼睛直立，两只脚并拢（脚跟和脚趾均需接触）。这时正常的被试能够保持身体的稳定，不会晃动，而罗姆伯格征就是指身体的摆动，患病较重的人甚至会跌倒。有些患者因为知道自己没有能力这样站立，不愿闭上双眼，主试在检验时一定要注意这一点，以免对方有偷偷睁眼察看的举动，这种症状就表明了被试的平衡觉受到了损伤。

（二）运动性失调（Motor ataxia）的检验

这种方法是使患者做一项运动来确定诊断的正确性。

1. 两指相对的测验：患者必须从两侧分别快速地移动手指，使得两手食指指尖相对。

2. 指触鼻尖的测验：患者必须分别快速地移动每只手的食指，使得它们都能够先后触碰鼻尖。左右两只手先后做这个动作。

（三）跟触膝的检验

患者必须用一只脚的脚跟触碰到另一条腿的膝盖。在检验的过程中需要有人搀扶患者，以免他身体失去平衡。这种方法可以在患者闭眼和睁眼两种情况下进行，闭眼的时候他的活动自然不如睁眼的时候正确，不过前一种情况下的活动也有一定程度的准确性，对正常和异常被试的区分正是基于这个标准。

六、抽搐症[①] (Tics)

抽搐症也就是身体上小部分肌肉的跳动,如果涉及范围较广,则会有其他的名称。这种抽搐可以发生在身体的任何部位,发生在面部的情况最多,这时眼睛、鼻子和嘴巴都有可能受到影响。

七、舞蹈症 (Choreas)

舞蹈症的动作范围较大,如果它的原因属于机能,那么患者往往察觉不到痛苦。

例如有一位患者仰卧在床上,由于背部肌肉的收缩导致全身跳起距床一二尺的距离,并且身体落下后又立即跃起,这种现象会持续好几分钟到半个小时的时间。虽然在动作停止之后患者会感觉浑身疲惫,但在动作发生的时候患者是完全清醒的,并且在每次激烈的跃动之后都表现出欢乐的状态,同时会向别人说:"这一次真不坏!你看如何?"这种态度似乎表明了患者并不觉得这是一种痛苦。

关于这种症状的解释不止一种。有人说这种症状在刚开始一定会有一种对于机体的刺激(Organic irritation),而发病的现象就是对于这种刺激的自然反应,后来这种反应成为了习惯,所以刺激虽然不存在了,但是反应还是会继续出现。还有人说这种症状是一种心理刺激的符号,而心理刺激的性质属于两性。

[①] 特编注:原文为"肌跳症"。

这两种学说都可以解释这种病症，但是解释的原因不同。

八、自动的反应

自动的反应是不能主动进行的，它可以分为积极的自动反应和消极的自动反应两类。

（1）积极的自动反应

这种反应有下列两种表现，一种是易感性，另一种是冲动性。

1. 易感性（suggestibility）

从广义上来讲，易感性就是外界印象支配反应的可能性。有些患者会变为纯粹的自动体（automatons），例如在听见有人说某句话时，他也说这句话，这就是所谓的"模仿言语"①（echolalia）。又比如说看见有人采取某种姿势，那么他也会摆出这种姿势，这就是所谓的"模仿动作"②（echopraxia）。有些患者完全没有自发（spontaneous）的动作，但却会毫不迟疑地执行别人的要求，并且有时候只需要让他开始一个活动，之后的一连串习惯的动作就可以自然而然地完成。

2. 冲动性（impulsivenss）

冲动性的反应可以分为情绪冲动、简单冲动和刻板症③（stereotypy）三种，分别论述如下：

（1）情绪冲动

---

① 特编注：原文为"语言雷同症"。
② 特编注：原文为"动作雷同症"。
③ 特编注：原文为"固定行为"。

情绪冲动是由于异常的激越性导致的，引起这种冲动的刺激往往没有重要的含义。这种现象在很多精神病中都会出现，比如癫痫症、躁狂症等等。患躁狂症的人受到别人的轻微撞击时，就会对对方拳打脚踢，而不去考虑对方的这种行为是否有所含义，这就是情绪冲动的一种现象。

（2）简单冲动

简单的冲动指的是纯粹自发的动作，在它发生的时候，既没有情绪的震荡，也没有外界的刺激。例如有一位患者突然就把他的来访者携带的东西投入火中，在他的心理状态暂时恢复之后，能够记起这种行为发生时的情形，但是不能对它加以解释。

这种冲动也可能是有意识的。例如患者突然就有盗窃的欲望，但是他想要盗窃的东西并不是他本人多需要的或者是高兴获得的。他有时候也能够认识到这种冲动的变态性，并阻止它的发生。

（3）刻板症

这是一种保留某种态度、重现一种动作或者重说一句话的倾向，这三种现象就是所谓的态度的刻板、动作的刻板和语言的刻板。有些患者往往能够保持一种极不舒服的姿势长达好几个小时；也有患者在长途步行中，并且每次前进三步就会后退两步；还有患者会周而复始地背诵同一个语句。这里患者的行为，就是上述三种现象的例子。

（二）消极的自动反应

这是违拗症①（negativism）的基础。例如让患者伸出手臂，他就会感觉到有一种抑制的趋势。在这些患者当中，也有能行走自如，但却不能张开口的人；还有虽能正常工作，但却对于任何问题都不回答的人。

这种现象比较严重的患者，在某一方面表现为动作被抑制，而在其他方面则会产生性质相反的动作，比如说让患者弯曲手指，但他的手指反而伸展；让他的手指伸展，他反而弯曲。

参考文献

Dana，C. L.（1925）. Textbook of Nervous Diseases. *Wm*，*Wood*.

Janet，P.（1892）. Letat Mental des Hysteriques. *Paris*：*Librarie Felix Alcan*.

---

① 特编注：原文为"消极态度"。

第十四章　睡眠的变态

我们在讨论睡眠的变态之前，至少要提及两个关于睡眠的问题，一是睡眠的条件，二是睡眠的意义，我们先说睡眠的条件。

一、睡眠的条件

睡眠的条件可以分为以下七点：

（一）身体普遍的疲劳

一般来看，身体上的疲劳可以促进睡眠的状态，不过感觉疲劳的人不一定能睡着，而睡眠不一定是先有疲劳的状态。

（二）缺乏强烈的刺激

强烈的刺激是不利于睡眠的，不过身体健康的人在嘈杂的环境下也能够酣睡。

（三）习惯情境的固定

有人往往因为改变睡眠的地点或睡眠的用具而不能安眠，这是由于情境的变化所导致的，但有的人在新的情境中也能像平常一样入睡。

（四）大脑血液的减少

大脑血液的减少也是促进睡眠的一个条件，例如餐后容易入睡，是因为大量的血液输入消化系统中，而大脑的血液就会因此而减少。

（五）肌肉状态的松弛

肌肉的紧张不利于睡眠，反之，身体的舒适可以促进睡眠。

（六）疲劳的感觉

在所有疲劳的感觉中，眼睑或眼球的疲劳容易促进睡眠。

（七）心情的安定

我们在睡觉的时候如果心里还在想着其他事情，就很难入睡，如果因为疲倦睡着，也很容易醒来，很难进入熟睡状态。

在上面所述的条件中，心情安定和身体舒适最为重要，而其他条件的效果则因人而异。

二、睡眠的意义

睡眠的意义因研究者观点的不同而有差异，各种关于睡眠的学说可以分为以下四种：

（一）神经说

神经系统中的单元即神经元[①]（neuron），每个神经元是一个细胞体，由很多树突[②]（dendrites）和一个轴突[③]（axon）所组成。树突使冲动传至细胞体，而轴突则使冲动从细胞体输出，

---

① 特编注：原文为"神经原"。
② 特编注：原文为"树枝状体"。
③ 特编注：原文为"轴状体"。

两个神经元互相接触的地方就是神经突触①（synapse）。据神经学者的主张，神经如果感受过久的刺激，树突就会收缩，而神经突触则会有分离的状态，这种现象被视为睡眠的神经基础，但尚无事实可以证明这一说法。

（二）血液循环说

这一学说大概是指，多数感觉刺激不只是影响皮质的各部分，而且还影响延髓（medulla oblongata）中的血管运动中枢②（vasomotor center）。此中枢在感受刺激时，身体中的各血管收缩，而脑中血液的循环得以进行。不过此中枢如果受到长时间的刺激，那么其作用会渐渐消失，血液分布在身体的各部分，而脑中呈现贫血的状态，这就是睡眠的原因。

（三）化学说

从化学的观点来看，睡眠是毒质累积的结果，例如乳酸（lactic acid）和二氧化碳（carbon dioxide），都和睡眠的原因有些关系。

（四）生物学说

克拉帕雷德③（Claparede）把睡眠视为一种本能，其作用主要是防止疲劳，之后塞德兹（Boris Sidis）在对睡眠的研究中得出一个结论，他从生物进化的角度来看，动物最初的休息状态介于睡眠和清醒之间，这就是塞德兹所谓的半眠状态（hypnoidal state）。这种近似催眠的状态或半睡半醒的状态，在人类

---

① 特编注：原文为"神经关键"。
② 特编注：原文为"脉动中枢"。
③ 特编注：原文译为"克拉怕勒德"。

中演变为两种相似的状态，一是睡眠状态，一是催眠状态，人类必须经过半眠状态才能进入睡眠或催眠状态。

（五）心理学说

有人说睡眠是进行性的放松（progressive relaxation）。这种放松的进程是由等级较高的神经网络到等级较低的神经网络。

精神分析学派把睡眠看作逃避的机制，他们认为睡眠的目的在于逃避生活中的问题，从而退到原始的状态，或婴儿时期的状态，这种学说未免过于荒诞。

以上所述的各种学说，都描写了事实的一部分，这是由于他们注重的重点不同。其实睡眠似乎是一种天然的倾向，至于产生睡眠的条件最重要的是外界扰乱刺激的减少、内部疲劳感觉的增多、心情安定及肌肉的舒适，而内分泌、神经和血液循环方面的变化是睡眠的生理状况。

三、睡眠的变态

睡眠的变态有下列几种：

（一）睡眠剥夺[1]（Loss of sleep）

吉尔伯特[2]（Gilbert）和帕特里克[3]（Patrick）曾经对这个问题进行过精密的研究。在这项研究中，被试在这个过程中九十个小时内不能入睡，在此期限将要达到之前，可以做任何工作来维持清醒状态。被试在这个时期出现视觉上的幻觉，集中

---

[1] 特编注：原文为"失眠"。
[2] 特编注：此处原著为"格耳白特"。
[3] 特编注：此处原著为"配曲雷克"。

注意的能力也有所损伤。之后被试补足的睡眠时间虽然没有超过其失眠时间的35%，但其精神已经能够恢复原来的状态。这一现象表明，被试在禁眠时期并非完全没有睡眠，只不过时睡时醒而已，因此所需要的睡眠时间比损失的睡眠时间少。

后来罗宾逊（Robinson）再次研究了这个问题。在实验中被试在两天不能入睡以后，就会有视觉上的幻觉产生，还有诸如头疼、语言的异常和易于激动的倾向，这些都是失眠过程中所具有的现象。但是在轻击、瞄准、诵读和口算等各种测验中，他们的成绩并非都受到失眠的影响，不是失眠对这些作用没有影响，而是被试能够增加努力的程度来抵抗失眠的影响。

（二）失眠症[①]（Insomnia）

失眠的原因不止一个，其原因有暂时性的，也有永久性的，比较普遍的原因有以下几种：（1）睡眠情境的变化；（2）过度疲劳——肌肉过度疲劳有可能形成一种物体蜷曲的状态，不能放松伸展；（3）情绪紧张——如果时时想着失败或失望的事情，那么情绪就不能舒畅；（4）对睡眠的恐惧——有的失眠症患者经常因为噩梦所困扰，不愿让噩梦再现。

（三）噩梦（Night Terrors）

我们有时被噩梦所惊醒，这种现象在儿童和神经症患者中最为多见。对儿童来说，出现噩梦的原因多是因为受到睡觉前对他讲的故事的影响，而心理病症的患者则是因为心理上的冲突导致的。

[①] 特编注：原文为"不眠"。

(四) 梦游症[1]（Somnambulism）

梦游并不是完全没有意识，下面是麦克道格尔[2]（McDougall）所举的例子。一个士兵在医院里几乎每天晚上都要起来数次，走到一个军官的床边，站在他的面前，这个人后来经过催眠治疗，在催眠的状态下描述了一次危险的遭遇，当时有一枚炸弹爆炸，他的同伴都被炸死了，于是他跑到长官那里报告此事，这时第二个炸弹爆炸了，他受惊昏倒。根据他所描述的经验，我们可以了解到，他梦游的现象就是重演当时的情形。

大致说来，梦游症就是神经不够稳固的现象。一个人如果在清醒时有这种行为，则有医治的必要。

(五) 睡眠欲望极强

有些患者每天要睡好几次，或晚上睡得比正常人早。从机能的观点来看，这种行为的目的是在逃避让人苦恼的情境。

(六) 药物导致的睡眠

如果正常的睡眠是天然的倾向，那么药物导致的睡眠必定与前者不同。有些药物有促进心情安定的功效，但没有一种药物可以治疗不眠之症。

参考文献

Burnham, W. H. (1920). The Hygiene of Sleep. *Ped. Sem.* 27, 1—35.

Claparede, E. (1905). Esquisse d'un theoriebiologique du

---

[1] 特编注：原文为"眠游"。
[2] 特编注：原文译为"麦克都格耳"。

sommeil. *Areh. de Psychol*, 4, 245—349.

Coriat, I. H. (1908). The Nature of Sleep. *J. Abnorm. Psychol*, 3, 1—32.

Foster, H. H. (1901). The Necessity for a New Standpoint in Sleep Theories. *Amer. J. Psychol.* 12, 145—177.

Freud, S. The Interpretation of Dreams. *Macmillan.*

Freud, S. General Introduction to Psychoanalysis, Lectures V to XV. *Boni & Liveright.*

Howell, W. B. Text-book of Physiology, Ohap. 13. *Saunders.*

Johnson. G. T. (1923). Sleep as a Specialized Function. *J. Abnorm. and Soc. Psychol*, 18, 88—96.

Jones, E. Papers on Psychoanalysis, Chaps. 8 to 12. *Bailliere, Tindall & Cox.*

Manaceine, Marie de. Sleep: Its Physiology, Hygiene, etc. *Scribner.*

Patecliff, A. J. J. A History of Dreams. *Small, Maynard.*

Shepard, J. F. (1914). The Circulation and Sleep, 83 *Macmillan.*

Terman, L. M., & Hocking, A. (1913). The Sleep of School Children, Its Distribution According to Age and Its Relation to Physical and Mental Efficiency. *Educ. Psychol*, 4, 138—147.

第十五章　病菌的传染

细菌不仅可以排泄有毒物质来妨害心理进程，而且经常在脑部和脑膜中产生发炎的情形与组织的变化。有时神经细胞本身也会因此而损毁。这些情况可以在神经系传染梅毒的时候观察到。本章所讨论的是下列各种原因所导致的精神病：一是梅毒传染，二是脑炎（encephalitis），三是病灶感染[①]（focal infections）。

一、梅毒传染所导致的精神病

（一）全身瘫痪病（Paresis or general paralysis）

这是一种脑部疾病。它的性质为发炎和退化。这种现象是进行性的心智退化，而且有一定的身体特征和血清中所发现的事实依据。

1. 病因

[①] 特编注：原文译为"中心传染"。

患这种病的一定是曾经感染过梅毒的人，但是在患梅毒的人中只有5％到10％患有这个病。这种情况有三种可能的解释：第一，有些研究者相信梅毒细菌的种类不同，而导致全身瘫痪病的是特别倾向于神经病的那一种。以下的事实似乎可以证明这种说法：有几个患有全身瘫痪病的人，他们都是通过一个共同的传染源而得的这种病。如果父母患有全身瘫痪病，那么其子女患这种病的也较多。如果父母感染了梅毒但是没得这种病，那么子女患这种病的也较少。第二，有一种学说认为这是由于个人脑部系统的差异。有些脑部系统特别容易被这种病传染。第三，还有一种说法认为，这种病是由于脑部受伤导致的。这就是说，感染梅毒的人的神经系统如果受到损伤，那么就有得这种病的可能。后面两种学说目前还没有确凿的证据。全身瘫痪病多发生在35岁至50岁之间，而且往往发生在感染梅毒10年至20年以后。男性患者的人数约是女性的三倍，这是因为男性感染梅毒的人比较多。

2. 病理

全身瘫痪病患者的脑部在前部和颞叶部普遍表现出萎缩的现象。脑的重量减轻，裂纹比较扁平，而且皮质层的厚度不如正常人的大脑。硬脑脊膜（dura mater）常常堆积附着在头骨上，内膜变厚，紧紧附着在脑质上；所以在移除此膜时，皮质部也会受到影响。尤其是在脑的前回和颞叶回，这种情况最为显著。

脑部的细胞组织，在用显微镜观察时，会呈现出显著的变化。有许多神经细胞完全被毁坏，而其他的神经细胞要么在形式上受到影响，要么因为染色体的分解（chromatolysis）而有一些内部的变化。毛细血管的数量大量增加，而且血管壁也同时增厚。神经胶质细胞[①]（neuroglia）也有所增加，尤其是在血管的周围和皮质的外层有这种情形。这种显著的病症当然会伴随着心理上和神经上的病状相辅而生。

3. 病候

有些身体上的症状非常显著，可以用作诊断的依据。这种病的症状可以分为三种：一种是临床诊断的现象，可以从个人全身的研究得知；一种是血清中的情况，可以用化学方法来发现；还有一种是心理方面的现象。

（1）临床诊断的现象——其最重要的现象是战栗状态、运动性失调（motor incoordination）、反射失调、营养不良和瘫痪现象。到最后的时期，患者的身体一蹶不振。

在初期中有战栗的症状发生。这种疾病经过的时期越久，则战栗的状态越为显著。这种病的特征是舌部与上肢的战栗。当舌头伸出时战栗的状态最为明显。如果让患者向他的两侧伸直手臂而不移动。那么他手指战栗的状态也能轻易被察觉到。动作的失调最开始表现在最精细微小的动作之中，因此语言和书写都会受到影响。最后患者所写的字没有人能够辨识，并且他所说的话也没有人能够理解。

瞳孔与肌腱反射的失常也是这个病初期的重要症状。所谓"阿罗瞳仁"（the Argyll Robertson pupil）是初期瘫痪的一个重

[①] 特编注：原文为"架细胞"。

要的诊断依据，因为这种现象往往表现得非常早。光的同感反射①（the consensual light reflex）也损伤得最早。这种反射指的是在一只眼背光或向光时，另一只眼的瞳孔同时膨胀或收缩。

在这个病的初期中，还有一种反射的失常可以视为一个重要的诊断根据，即缺乏膝跳反射②（knee jerk）。全身瘫痪病应该会带来使膝跳反射消失的影响；不过这种反射也可以有两膝不同的现象，或是其中一个增强而另一个正常，或者是其中一个增强而另一个完全消失的现象。

普通营养的变化也是常有的现象。在这种病初发时，患者的体重迅速下降。之后一个时期中的状况则视这个病所表现的形式而定。如果它属于心智衰退或态度浮夸的形式，则患者的体重往往会持续增加，而到了这个病的末期会突然降到极低的程度。这个病如果属于抑郁或激越的形式，那么体重会继续减轻，患者呈现异常虚弱的状态。

在这个病的某一时期中，有一种类似中风或癫痫的痉挛现象发生。有时这是最开始可以认识到的症状，但是大多数症状发生得较迟。前一种痉挛会导致意识有一定的损失，但是导致的瘫痪大多不是永久性的。后一种痉挛则与癫痫的痉挛很难区分开。

到了最后一个时期，患者必须卧病在床。他身体中所有能发挥功能的控制能力完全丧失。痉挛日益增多。患者或是死于痉挛或是死于营养的缺乏，又或是死于其他并发症。

---

① 特编注：原文为"光之符合反应"。
② 特编注：原文为"膝跳"。

(2) 化学室中所发现的事实

主要的现象为梅毒感染的各种症状，如血液与脊髓液的阳性瓦瑟尔曼反应，即梅毒补体结合反应①（positive Wassermann reaction）或梅毒絮状沉淀反应②（Kahn reaction）。全体瘫痪病患者一定会在脊髓液中表现出阳性华氏反应。这其中一大部分在血清中也表现这种反应。但有极少数患者在其血清中有阴性反应而在其脊髓液中有阳性反应。兰氏科金测验具有特殊的价值，因为它可以区别全身瘫痪病与脊髓痨病。一般全身瘫痪病的反应在数量上为5555543200。而脊髓痨的反应为1133100000。

(3) 心理方面的现象

在最开始的时期中，患者的朋友就能观察到他行为上的变化。此时他在心理上的症状是品行的变化和智力的衰退。患者以前衣冠楚楚而现在则衣冠不整，以前对于理财方面非常聪敏，但是现在则濒临破产。以前注重道德，而现在则奸淫偷窃无所不为。

除品行的变化之外，患者也有心智衰退的现象。最开始关于各种细节的记忆逐渐不太精确，也常常会忘记重要的约会。他的判断能力也会有减退。在经过一段时期后，患者失去一切的记忆。他对于空间、时间和人物的空间能力完全消失。他在情绪方面也有退化的现象，即使是接受了一笔巨大的遗产，或是失去了非常亲密的亲戚和朋友，也以冷漠的态度对待。

妄想也常常是这种病的一种症状。我们根据妄想的性质可

---

① 特编注：原文为"正华氏反应"。
② 特编注：原文为"康氏反应"。

以把这种病分为四种类型：

①单纯心智退化型（the simple demented type）——属于这种类型的人，常常处于淡漠无情的状态。缺乏关于日常事物的记忆。这种患者往往在两三年以内死去。

②夸大型（the expansive type）——它的特性是毫无根据地快乐与浮夸。这类患者与妄想狂（paranoid）患者不同，因为他虽然夸耀自己财产的雄厚，但是仍然愿意从事身份低下的工作。

③激动型（the agitated or excited type）——这类患者的行为非常凶猛，整日活动不停，不能入睡。往往在几个月内死去。

④抑郁型（the depressed type）——这种类型和抑郁症（melancholia）很相似，但是化学方面和神经方面的发现可以作为诊断的依据。

4. 诊断

人在中年时期如果有心智衰退的现象，那么就有初发这种病的可能性。但是还是以身体特征为诊断的依据更为可靠。它最重要的特征是验血的结果。我们可以根据这个结果，区别全身瘫痪病与下列各种疾病：酒精中毒的精神病、癫痫和机能的精神病。

5. 预后

全身瘫痪病具有进行性，若得不到治疗那么患者必然因此而死亡，这种病的进程约为两年至三年。

（二）脑脊梅毒病（Cerebro-spinal syphilis）

脑脊梅毒是脑中非神经细胞组织的机体病。它所特别影响的部分是脑髓周围的血管与血管膜。

1. 病因

它的病因是梅毒的传染。在传染后五年之内会出现脑部受损的现象出现。

2. 病理

这种病的主要表现是脑膜与脉管慢性发炎的现象。也会发现由于梅毒而产生的梅毒瘤①（gummas）。脊液中可能有阴性华氏反应。它的科金弧线有特殊的形式，由此可以区别脑脊梅毒与全身瘫痪病。

3. 症状

其最重要的生理现象是头痛、昏眩、呕吐、痉挛以及脑部神经感受影响的结果。此外还有种种眼部的症状，如朦胧、瞳孔不对称。膝跳反射也有增多的表现。神经细胞的纤维不受直接的影响，所以心理症状不是很显著。如果有这些症状发生，那么原因大多是梅毒瘤中所产生的压力。这种病有时表现为脑局部损伤的症状。这是由于脑中极小区域的脉管因为脑部发炎阻塞而导致的。脑部感受这种影响的脉管会因人而异，所以每个人所表现的心理异常也不同。

4. 诊断

脑脊梅毒与脑瘤的区别在于前者的阳性华氏反应与特殊的科金弧线。它与全身瘫痪病的区别是头痛的症状与脑部神经的异常。这种病发生在传染梅毒后的五年之内。这一事实也与全

---

① 特编注：原文为"树胶肿"。

身瘫痪病发展的历史不同。

5. 预后

这种病的结果是细胞组织持续毁坏以至于死亡。现在治疗的方法有医治梅毒和打疟疾针两种。后面一种方法的成效还没有得到证实。

（三）脊髓痨（Tabesdorsalis，or locomotor ataxia）

脊髓痨是一种由梅毒而产生的机体病。患这种病的人脊髓后根（posterior root）与神经元都产生退化。它的结果是运动失调，深反射消减，而且会产生感觉、营养和各种眼部的疾病。

1. 病因

梅毒是发病必要的因素。其他比如过度疲劳、嗜酒、房事过度和一切减少抵抗力的情况，也往往使它更容易发生。这种病多发生在 30 岁到 50 岁之间，在男性中较为多见。患有脑部内膜与皮质梅毒者同时也可以患有脊髓痨，因此这种病的表现是全身瘫痪病和脊髓痨二者的混合。

2. 病理

传染的部位在脊髓中。脊髓后柱（posterior column）的软脑膜（pia mater）不透明而且增厚。脊髓后柱萎缩而且呈灰色。根据显微镜的观察，脊髓后根及其神经通路和柱都退化而变硬，尤其是戈尔与布大哈之柱（Columns of Goll & Burdrach）有这种情况。这两种柱的功用在于使肌肉、肌腱和关节输入的冲动传入脑部。这种退化的现象常发生在脊髓的腰部，所以它所影响的部分大多是下肢。这种病表现为运动失调及深度知觉、位置觉与肌肉健康性的损伤。在某些情况中，大脑皮质也有退化。

此外还有头部神经的退化，尤其以视神经的退化最为常见。

3. 症状

腿部的剧痛是脊髓痨在最早期的症状。这种症状发生于运动失调的现象之前。躯干或四肢丧失感觉，或者感觉特别敏感的部分和性的功能常常有特殊的异常。腹部疼痛，时常呕吐，膝跳反射的消失也是一种重要的符号。患者有阿罗瞳仁的现象，并且同时有其他视觉的病症，比如双重视野①（double vision）和朦胧。

运动失调是一种重要的症状。在最开始的现象是腿部运动的不正确，尤其是在黑暗中有这种情况。患者如果闭上眼睛并足而直立，那么他的身体就会摆动以至于跌倒，这就是所谓的金氏符号。这种病发展到某一时期，则"脊髓痨步态"②（tabetic gait）的现象就会越来越显著。患者走路抬脚很好，落地很重，而他的眼睛则注视着脚部。在5年到20年以后，患者就完全失去行走能力。身体会异常衰弱，卧床不起。

心理的症状在单纯的脊髓痨中不是很显著，否则在其皮质中一定也有梅毒的影响。所以生理现象是全身瘫痪病的症状。

4. 诊断

我们根据在血清中的发现，可以把这种病与神经炎③（neuritis）相区别。运动的失调，心理症状的缺乏，以及其特殊的科金弧线使它与全身瘫痪病区别开来。

---

① 特编注：原文为"重视"。
② 特编注：原文为"痨病步容"。
③ 特编注：原文为"神经发炎病"。

5. 预后

大多数患者可能因为梅毒的治疗而不至于失去能力，但没有完全治愈的可能。这种病的进程是 3 年到 20 年。

二、昏睡脑炎病（Encephalitis Iethargica）

这种病也有流行性脑炎病（epidemic encephalitis）之称，维也纳人埃可诺莫（Von Economo）在 1917 年描述过这种病，并且予以昏睡脑炎病的名称。之后研究的人日益增多。于是这种病被认为是一种重要的精神病。这种病并不是一种新的病，不过在以前的分类中可能有其他的名称。

脑炎病是一种天然传染病（infectious disease）。有时也可以通过接触而传染（contagious）。这种现象是由中央神经系统而产生，特点是昏睡、头部神经的扰乱、战栗、肌跳、舞蹈病的动作以及心理病态的现象。

（一）病因

这种病的原因是一种由咽喉侵入的病菌。最开始所发现的症状往往在呼吸方面。这种病常常发生于流行性感冒之后，所以发生在冬春两个季节的比较多。

（二）病理

脑部的伤损多在中脑（midbrain），基底神经节[①]（basal ganglia）和赤脊道（rudro-spinal tract）内，但有时也发生在皮质、小脑与脊髓中。是一种进行性的病，往往有蔓延的趋势。

---

① 特编注：原文为"基本神经节"。

患者的脑部呈淡红色。神经细胞表现出退化的现象。这种现象也许是局部的也许有不规则的分配。脑膜和基底神经节的失血也是常见的现象。

(三) 症状

症状是根据脑神经感受影响的部分而定，因此往往不一致。这种病刚开始时常常伴有头痛、憔悴、颈部僵硬和普遍的疼痛。患病越深，那么昏睡的状态越为显著。患者处于一种淡漠无情的状态。面部皱纹消失，好像带了面具。在患者中，虽然有75％或80％的人有昏睡的情况，但患有不眠症的人也很多。常常有白天昏睡而整夜无法入眠的情况。双重视野 (double vision) 是常有的现象。眼部肌肉大多瘫痪，面部与四肢的肌肉也经常呈现抽搐的现象。

心理的症状非常重要。患有昏睡症的人对于心理刺激的反应比正常人更为缓慢。而当他清醒的时候则非常聒噪，不停地进行活动，几乎像是患躁狂症的人。这种病如果属于谵妄的形式，则有妄想、幻觉或错乱的状态。这种患者常常被误认为患有躁郁症。其谵妄的状态有时也和震颤性谵妄 (delirium tremens) 相似。其抑郁的状态，在很多方面又与激越的抑郁症相似。这种种心理症状持续的时间不同，而在多数情况下有减少的趋势。最后所保留的症状与精神神经病的症状相似，例如不眠、易疲劳、易怒等症状。它和早衰病的相似点是进行性的抑郁症，思维迟滞以及人格内向。患者常常担忧记忆的丧失与精神的疲乏。

这种病最险恶的现象是最后的影响，患者有变成低能的可能。

（四）诊断

这种病的诊断往往可以以患者的历史与他的症状为根据。最可靠的方法是将他的脑部、脑脊液、口水和鼻涕中的毒质注入兔类的体中，如果兔子有同样的情况发生，那么患者所患的病一定是脑炎病。这种病常常和躁郁症、早衰病、癔症以及舞蹈病相混淆。

（五）预后

这种病少有治愈的可能，治疗的必要条件是心理和身体两者的绝对休养。至今还没有特殊的药物可供使用。虽然副甲状腺激素好像稍有效力，但还没有确切的证据。

参考文献

Economo，C. V.（1931）. Encephalitis Lethargica：Its Sequelae and Treatment. *Oxford University Press*.

Genil-Perrin，J.（1932）. Syphilis and Mental Hygiene. Proc. *First Int. Cong. On Mont. Hygiene*，1，406—437.

Hinsie，L. E. & Blalock，J. R.（1931）. Treatment of General，Paralysis. Results in 197 Cases Treated from 1923—1926. *Amer J. Psychiat.*，11，541—557.

第十六章　毒质的影响

中毒的精神病种类很多，不过有几个共同点可以概括于下：

（一）身体检查的结果往往很重要。发热、白血球的增加（ieucocytosis）以及体重的减少，都是特别显著的症状。

（二）这类精神病在心理方面常有极端谵妄的状态，如知觉的模糊、出现幻觉以及缺乏理解能力。

（三）此类病症常有治愈的可能性。

这类精神病的病因不一，下面所述仅围绕酒精中毒与鸦片中毒这两种情况。

一、酒精中毒

酒精在一切药物中应用最多，其所产生的精神病也为数至多。在美国精神病院中，约有 10％是酒精中毒的疾病。这个百分数尚不包含一般醉狂和暂时因醉而发生的剧烈情形在内。

酒精中毒的精神病，有各种形式。有些形式是初有酒精成瘾者所具有的特征；有些形式在吸收过量酒精后出现，在毒质排出以后随即消减；有些形式因为长时期酒精的作用，而有潜伏的发展，各种形式分别叙述于下：

（一）昏醉现象

这是常见的现象，不能视为精神病的一种。如果所吸收适度分量的酒精，那么会产生愉快的感觉。如果吸收酒精过多，往往会饶舌多话，并且作弄姿态，自制能力最初就有降低的现象。酒精对神经系统产生的麻醉影响是由上而下的，其最初影响的是大脑的抑制机制，其次是小脑中支配动作适应与均衡的中枢，甚至延髓的中枢也会受到影响。醉酒的人最初语言诙谐，且行动也极其滑稽。当大脑受到更深的影响时，就不能辨别事情的轻重，甚至不顾他人的情绪与道德的标准。当小脑受到影响时，动作就会呈现不稳定的状态，说话也不清楚，最后腿部肌肉也不能发挥功能，于是身体坠落而陷入昏迷的状态。

这种情绪不过是暂时的精神变态现象，酒精的影响消退以后，理智能力仍能恢复原状。

（二）慢性酒精中毒与酒毒退化[①]（Chronic alcoholism & Alcoholic dementia）

吸收过量酒精，足以侵害身体中的器官，这一点不必多说。其在心智方面会逐渐退化，这种退化的现象就是注意与记忆能力的降低，观念的贫乏与判断能力的损伤。

道德的退化也是一种显著的现象，这种退化是由于酒精的两种影响所导致。一种影响是中枢抑制作用的丧失；而另一种

---

① 特编注：原文为"多年酒癖与酒毒退化"。

影响是愉快心情的产生。第一种影响常使患者的行为被一时的意念所支配，所以嗜酒者往往意志薄弱。愉快的心情，则使患者有不负责任而把责任推卸给他人的倾向。

这种种变化的发展往往有潜伏的性质，停止饮酒可以阻止这种情形的发展，但不能补救神经系统中已有的损伤。

（三）震颤谵妄病（Delirium tremens）

这种病的发生，迅速而剧烈，实际上是长时间饮酒过度的结果。至于发生这种病的近因可能是一次狂饮，可能是突然的伤损，也可能是剧烈的疾病。患者在视觉方面常出现明显的幻觉，这些幻觉常是让人厌恶的东西，如蜘蛛、鼠、蛇之类。患者常在极端的混沌状态中，在此病达到一定程度时，定向的能力会完全消失，即使是家人也会视为鬼魅。其在动作方面的表现就是显著的颤栗状态，患者在受到这种病的侵袭时往往患有失眠症。

（四）酒毒幻觉病①（Alcoholic hallucinosis）

这种疾病的表现如下所述：患者的幻觉与妄想，可以持续数星期或数月之久，但其心智并非极其混沌，且能力也无显著的变化。常出现受他人逼迫的幻觉，并且多属听觉。最后一点是此病与震颤性谵妄的区别。

（五）卡萨科夫精神病（Korsakow's psychosis）

卡萨科夫精神病的症状多为长时间饮酒过度所致，但此病也可由其他原因所致，例如出血过多、伤寒、癆病、流行性感

---

① 特编注：原文为"科氏精神病"。

冒或铅中毒。其心理的症状常与多发性神经炎（polyneuritis）相似，后者的特征是腱反射（tendon reflexes）的消减、下肢的瘫痪、肌肉局部的疼痛和感觉的过敏，这都是常有的特征。

卡萨科夫精神病的发生，有突然的性质。其发生时的现象为情绪扰乱、出现幻觉，且定向能力完全丧失，同时患者表现出特殊的遗忘与虚构以往事实的倾向。如果二者是一直具有的症状，则可以用作诊断的依据。患者错乱的记忆可由下述的例子观察到：有一名患者在医生刚刚离开之后就问，医生为什么没有来。在最剧烈的情形中，这种遗忘可以影响患者过去生活的一大部分，而其所遗忘的事情就会用虚构的事实来补充。

患有这种疾病而治愈的人很少。治愈大概要六个月到十二个月之久。如果患者有酒精中毒的背景，那么很难恢复原状。如果是由其他原因导致的，那么治愈的可能性较大。

（六）酒毒妄想症（Alcoholic paranoia）

酒精中毒者所患的妄想症常有一定的性质，其与酒毒幻觉症的差别是有优势的现象是妄想而非幻觉。患者常有一种嫉妒的妄想，经常责备妻子不贞，并用各种无关紧要的事实进行证明，以证实其妄想，并且患者易于发怒，所以此时对其嫉妒的对象常施以恶意危险的手段。

（七）诊断与预后

有许多精神病可与酒精中毒的精神病相混淆，其心智的退化容易和早衰病、全身瘫痪病或意志衰退病相混淆，而其幻觉和易于激动的倾向，又容易与其他的精神病相混淆。不过其沉湎于酒精的历史，可以防止这种误会的发生。

每次病症侵袭以后，患者的身体有恢复原状的可能性，但是此病仍有复发的危险。如果患者继续饮酒，则其退化必将有增无减。

二、含有鸦片的药物（Opiates）

由于长时间服用含有鸦片的药物也会产生精神病，但其真正的原因是这种成瘾形成的情况。有人说形成这种成瘾的直接原因，共有五类：一是之前的医生曾用这种药物医治患者的疾病；二是之前患者本人曾经使用这种药物来止痛；三是患者在心绪不宁时，曾用这种药物来镇定精神；四是在患者的朋友中有罹患这种病症的；五是患者为好奇心或求乐的欲望所驱使，逐渐养成这种习惯。根据美国医学联合会（The American Medical Association）的一项报告，在患有此病的1225个人中有23%的人是由于第一个原因，17%由于第二个原因，52%由于最后三个原因，尚有8%难于确定其原因的类别。我们从这个事实可以看到医生使用这种药物的影响。医生最好能够避免这种药物的使用，病人如果不知其性质与分量，患者坚决不可自由使用此药，最后一点尤为重要。

患有此癖者所表现的症状，如下面所述：吗啡（morphine）是含有鸦片的药物之一，其功能是减少一切的分泌，汗的分泌则为例外。口部干燥、消化不良、食欲减少与便秘都是使用吗啡的结果，并且瞳仁缩小似针尖。

我们如果经常使用吗啡，就会产生某些特殊心理的变化，如思维混沌、注意散漫，患者毫不关心环境的变化，虚构事实的倾向也极为显著，最后患者除了寻求这种药物之外，几乎没有其他的动力。他可能采用任何方法来达到这个目的，而不顾其严重性，甚至发生盗窃杀人的事。患有这种成瘾行为的人各种症状可以分为四个时期：

（一）蜜月

这是初服药物的时期。在这一时期中，有愉悦的情感与快意的幻觉产生，这一时期很短促。

（二）踌躇

在这一时期中，服药者已经认识到这种药物的影响，于是在心中就产生了剧烈的冲突。他一方面知道这种药物的危害极大，但另一方面则被记忆和欲望所驱使。他虽然相信自己意志的坚强，但最终被这种药物所束缚。

（三）成瘾

此时成瘾已经形成。患者对于这种药物的耐受性逐渐增高，所需分量也因此增加，上述的症状都会在这个时候出现。在这个时期，如果希望这种习惯消减，那么必须对患者的个人自由加以干涉。

（四）最后体虚的状态

在这个时期中，患者的身体羸弱不振，而其心理上的能力也逐渐与心力衰退者相似，此时其他病症也容易侵入。

我们在这里提及一下戒毒的现象。戒除这种药物成瘾的人，往往在肌肉方面表现出显著的羸弱现象，甚至想要直立时也会感到困难。患者感觉疲倦不堪，且其皮肤的血管收缩，因此常有过于寒冷的感觉。消化作用也受影响，故有吐泻的病症。患者在心理上的症状为失眠、极端不安以及集中注意的能力缺乏。患者的情绪状态，表现为极端的失望。如果所服药物分量不够，那么这种种症状也会发生。患者不可以突然完全将这种成瘾戒除，否则有时可有生命的危险，所以逐渐减少药物的分量，或暂以其他药物代替是较为安全的方法。

参考文献

Carletan, L. (1924). Survey of the Narcotic Problem. *J.A.M.A*, 82. No. 9.

Doane, J. C. The Problem of the Drug Inebriate, Mental Health Bulletin, Vol 2, No. 1. *Dept. of Welfare*, *Pa.*

Fishbein, Moris. (1931). Indispensable Uses of Narcotics, *J. Amer. Med. Assoc.* p856.

Goldberger, J. Pellagra. (1916). Causation and a Method of Prevention: A Summary of Some of the Recent Studies of the Public Health Service, *J.A*, *M.M.A*, Feb. 12.

Kolb, Lawrence and Dumez, F. G. Experimental Addiction of Animals to Opiates, *U. S. Government Printing Office*, Reprint No. 1463.

Light, A. B. (1931). Physiologic Aspects of Opium Addiction, *J. Amer, Med. Assoc.* p823.

第十七章　腺的病态

人体的功能是全身性的，而不是仅限于部分，这应该是我们需要特别注意的。我们对于精神疾病的解释，以神经系统为主，不过身体的许多部分，也会对神经系统产生重大影响，而本章所讨论的就是这些部分的影响。

在身体的各个部分中，有很多特殊的细胞，附着在脑底细胞上的被称为脑垂体①（the pituitary）；位于颈中部的称为甲状腺②（thyroid）与副甲状腺③（parathyroid）；位于两肾上的，被称为肾上腺（the adrenals）。其他的比如说松果体④（the pineal）位于脑中，而性腺（sex gland）则位于尻股底部（pelvie region）。

这些腺的分泌物会输入血液，影响我们的行为。这些腺体

---

① 特编注：原文为"脑基腺"。
② 特编注：原文为"盾状腺"。
③ 特编注：原文为"副质状腺"。
④ 特编注：原文为"松子腺"。

233

的分泌又被称为内分泌（internal secretions），因为它是直接输入血液的。

我们现在要讨论的就是腺病所导致的精神病，可以分为由一种腺体导致的和由多种腺体导致的这两类，下面会分别论述。

一、由一种腺病导致的精神病

（一）甲状腺的疾病

甲状腺的功能有分泌过多或分泌不足的隐患。无论分泌过多或者分泌过少，都有可能产生精神病。

1. 甲状腺机能亢进症[1]（Hyperthyroidism）

由这种情形产生的疾病，就是所谓的突眼性甲状腺肿大[2]（exophthalmic goiter），也叫裴氏病（Basedow's disease）或格氏病（Grave's disease），这种病的特征是甲状腺变大，脉搏加速，眼球凸起（exophthalmus），容易出汗、肌肉颤栗、体重减少以及基本的新陈代谢功能会增强。突眼性甲状腺肿大的情况和永久性情绪激动非常相似，因为都有颤栗的症状和甲状腺的过度分泌，而且血液中有过量的肾上腺激素，眼睛凸出很像恐惧的状态。患者面带愁容，神经过敏，浮躁不定，对于情绪刺激会有过度的反应。

治疗这种疾病的方法在于减少这种腺体的分泌，在极端情况下，最直接的治疗方法就是切除一部分甲状腺。这种疾病如果没有毒质累积的情形夹杂在其中，那么就会有治疗的可能。

---

[1] 特编注：原文为"质状腺过度之发展"。
[2] 特编注：原文为"凸喉肿病"。

2. 甲状腺功能减退症①（Hypothyroidism）

这种类型有两种极端的情形：一是克汀病或呆小病（cretinism），另一种是黏液水肿病（myxedema），这两者的区别在于发病的年龄。前者是在出生时或婴儿时期由于甲状腺的缺乏导致的，而后者则是在年龄大一些之后产生的。

（1）克汀病

这种疾病的产生，有可能是由于甲状腺功能完全丧失或部分丧失，这种情况可能因为遗传，也可能发生在儿童初期。这种病到处都有。如果是风土病，那么仅限于某些缺乏碘②（Iodine）的地区，因为甲状腺的分泌是依赖碘而产生的。

克汀病的症状在出生时或出生后几个月是观察不到的，但在经历某些时期后，儿童的发展就会停留在婴儿时期，他们的面部保留扁平的形状，两只眼睛相距很远，就和出生时一样，而且患者很少有聪慧的反应。他们的身高不再增加，其他部分也没有多少增长。并且他们的手臂和腿都非常短，腹部凸起，嘴唇和舌头也很厚，体温比正常人低，皮肤干枯且粗糙。到一岁时，诊断结果已经非常可靠了，但是仍有很多患者的父母没有察觉。

这种疾病应该针对甲状腺来治疗，如果治疗的比较早——在出生时或者四岁之前，将会有比较好的治疗效果，低能儿（Idiot）可以变成正常儿童。如果治疗的比较晚，那么治疗效果就会减少。

---

① 特编注：原文为"质状腺发展之不足"。
② 特编注：原文为"沃素"。

(2) 黏液水肿病（Myxedema）

如果甲状腺退化或者萎缩的现象发生在成年期，或有时发生于儿童期，或者甲状腺在手术之后被切除得太多，那么就会产生黏液肿病。女性患这种病的人较多。患者的基本新陈代谢减少、体温降低、循环和消化功能都不如常态；精神迟钝、记忆衰弱、语言迟缓并且感到困难、常表现为淡漠无情的态度；身体和心理两方面都表现出迟钝的现象；体重增加，而性功能下降；面部宽阔浮肿、鼻子很大、嘴唇很厚、面部表情比较愚钝；全身皮肤干枯而肿胀且略微呈黄色。

甲状腺的治疗对于这种疾病有很大的帮助，但这种治疗必须持续进行才有可能不再复发。

(二) 脑垂体疾病

垂体是位于脑底的一个最小的组织，它的重量还不到一克。这一腺体对身体的发育有重要影响，它的功能是维持下列各项的常态：身材、脂肪的重量和分配以及成熟后的情形，此外对于其他的腺体可能也有着辅助的影响。

1. 肢端肥大症[①]（Acromegaly）

肢端肥大症是垂体前页（anterior lobe）活动过度的结果，这是成年期会患有的疾病。其特征是头部和周围骨骼异常增大，并且有脑压迫（brain pressure）的症状。在多数的案例当中，患者淡漠无情、缺乏自主和注意力集中的能力、恍惚健忘、言语缓慢，这就是心理方面的现象。

---

① 特编注：原文为"长大病"。

2. 弗罗利西综合征[①]（Frohlich's syndrome）

弗罗利西综合征的原因是脑垂体中两个回路的功能不足的结果。这种病发生在青春期之前。患者大多为男性，特征是脂肪过多，并且和女性一样身体柔弱。

属于垂体的病比属于甲状腺的病难治，不过由这种腺体制成的药物在很多病例中都有很显著的效果。

（四）肾上腺疾病（Adrenal glands）

有一种肾上腺的疾病是我们需要特别注意的，这就是阿狄森氏病[②]（Addisons disease）。阿狄森氏病是由于肾上腺激素分泌不足导致的，主要原因尤其在这种腺体的皮质部（cortical portion），它对肾上腺素（adrenalin）的治疗并没有反应，而它是由肾上腺的髓部分泌的。根据尸体的检查结果，肾上腺呈病态的变化。这种病大多是腺体中的结核发展变化导致的。

阿狄森氏病有以下几种特征：极易疲劳且缺乏对工作的兴趣，极端抑郁并且容易被激惹，血压极低，皮肤呈一种特殊的古铜色，消化系统也存在疾病。

患这种疾病的人，在几个月或者半年之内必定死亡，所幸英国在1930年已经能够提取肾上腺皮质部分的精髓，这种精髓的使用效果非常显著。

二、由多种腺体导致的精神病

各种内分泌腺并不是独立发挥作用而不关联的，每种内分

[①] 特编注：原文为"否氏病"。
[②] 特编注：原文为"阿氏病"，即：原发性肾上腺皮质功能减退症。

泌腺都有特殊的作用，并且存在相互影响的可能。如果各种内分泌腺的分泌保持平衡，那么一个人的生活就能够维持常态。这种平衡如果不能和环境的影响相适应，那么疾病也就随之产生。各种内分泌腺在任何时期都有可能因为意外因素（如传染、积毒、损伤等等）失去平衡。在某些特殊时期，这种平衡可能会被自然的生理因素所倾覆，这就是青春期初期和衰退时期（或者月经停止时期）的变化。前一种情形是由于性腺开始分泌或分泌增加导致的，而后一种情形是由于性腺分泌减少导致的，因此这种精神病在这两个时期发病的可能性都会增加。

在多种腺体导致的精神病中，我们所讨论的事实仅限于退化抑郁症（involution melancholia）。

显著的抑郁是退化抑郁症的特征。在女性当中，这种病发生在月经停止的时期，大约在四十岁到五十岁之间，而在男性当中，发病时间稍迟一些。这种病的病因属于内分泌。

（一）症状

这种病是逐渐累积的，患者在发病之前常常会有如下症状：不应有的悲观态度、容易被激惹、容易疲劳、失眠、反应迟钝、消化不良。患者在身心两方面的症状，分别描述如下：

1. 心智方面的症状

发病初期，抑郁和激越的状态非常明显。患者满面愁容，整天忧虑，但是实际上并没有什么让他感觉到忧虑的事情。患者有时徘徊呻吟，有时独自坐着流泪。

如果这种病没有发生多久，或者没有伴有显著的脉管僵化病，那么患者尚且还有良好的领悟、记忆与定向的能力，不过他心智运作的速度会逐渐下降，看似其思维可以进行，但却不会有什么结果。患者虽然能够感觉到事情的重要性，但是自己却不能执行。到最后，即使是日常的生活习惯也没有办法实现，诸如吃饭之类的事情对他而言也非常困难。

患者在情绪方面也有麻木的现象，任何可笑的刺激物都不能使他发笑；任何悲伤的新闻也不能增加他悲哀的情思。他所有的情绪表现，仅限于易被激怒的倾向，性欲减退，自信心和好胜心都已经缺失，幻觉和错觉也偶尔发生，但不常见。而妄想是一种常见的现象，其中犯罪是一种最普通的妄想，但是也有轻视自我的妄想和关于身体各个部位的妄想。

2. 身体的症状

患者的康复状况不是很好，在极端的心智特征没有表现出来之前，会有体重减轻的现象，并且消化不良、食欲减退。

（二）诊断与预后

这种病容易和躁狂抑郁症相混淆，但根据过去的历史和他们对于治疗的反应，能够把它们区别开来。

这种病的预测结果不错，根据一般的统计，能够治愈的占60%至95%。这种病主要的治疗方法是将甲状腺和卵腺二者结合使用，垂体的精髓也常常合并使用。

参考文献

Bowman, K. M., & Bender, L. (1932). The Treatment of Involution Melancholia with Ovarian Hormone. *Amer. J. Psychiat*, 11, 867—893.

Levy, L. (1932). Le Temperament et ses Troubles: Les Glandes Endocrines. *Paris: Oliver*.

Notkin, J. (1932). A Clinical Study of Psychoses Associated with Various Types of Endocrinopathy. *Amer. J. Psychiat*, 12, 331—346.

第十八章　神经细胞的不足

一、低能 (Feeblemnidedness)

低能这一名词是指智慧的不足和缺乏，与其他各种精神病的区别是智慧的缺乏并非智慧的退化。屈德哥尔德（Tredgold）对低能的定义为：低能是一种大脑发展可能性有限的状态或发展停止的状态，因此患者在长大成熟时，不能适应环境或社会的要求，要使其可以维持生存而不需要身外的援助。

低能可分为三个等级：

轻度低能①（morons）——属于这个等级的人能在顺利的情境中维持生活。

中度低能②（imbeciles）——属于这个等级的人不能维持自己的生活。

---

① 特编注：原文为"上级低能"。
② 特编注：原文为"中级低能"。

重度低能①（idiots）——属于这个等级的人没有避免一般的身体危险的能力。

低能的产生有种种原因，其中重要的有以下几点：

（一）有缺陷的胚胎

这是由于遗传产生低能的一种因素。这种低能者的神经系统发展的过程尚不明确，但是可以从下面几点特征发现：第一，其家族中也有低能者，或低能的原因发生于神经元能感受环境的影响之前。第二，其大脑的构造有所缺乏，这有可能导致神经元在数量上的不足（尤其是皮质部），神经元不规则的发展或个别神经细胞的不充分发展。

（二）腺体的因素

腺体的状况既对早期发展有显著的影响，所以对于心智衰弱的人，一定有部分原因是由于腺体的因素。

（1）克汀病（Cretinism）

这个病的原因是甲状腺的功能不足，其现象在讨论腺病时有详细的说明，在这里就不赘述了。其心智的程度视甲状腺功能缺少的分量而定。

（2）蒙古症②（Mongolism）

这个病的原因尚未发现，但是有许多事实表明这种病和腺体有关系。患先天愚型的人可以从外形识别，其头部为圆形，面部扁平，眼睑向上偏斜，如蒙古人，因此叫蒙古症。而且舌大，有不规则的横纹，手掌宽而笨拙，指小而向内曲，身体虚

---

① 特编注：原文为"下级低能"。
② 特编注："蒙古症"也叫"先天愚型"。

弱，常发生夭折。其心智约为四岁，但有时可以发展到七岁，性情活泼，喜欢恶作剧。

根据很多研究人员的建议，蒙古症一定与腺病有关。可能是多种腺体的疾病，而以脑垂体（pituitary）的病为主。

（三）发展的缺陷

神经系统的发展可能在出生的前后就停止了。从组织的状态来看，有些重度低能者的脑在第六个月胎儿期或在此之前就停止发育了。这种情况往往被误认为是胚胎的缺陷，实际上是发展的缺陷。

兼有头盖的变态者也属于这一类，如小头（microcephalics）和水头（hydrocephalics），患小头的人很晚才能学会走路，或者完全不能行走，其语言只限于数字。所谓水头是由于脑室或蛛网膜（arachnoid membrane）下面的空处积水过多导致的，患者头盖宽大，额部突出，其心理方面的现象常表现为心智衰弱，也可能发生痉挛或瘫痪，若不加以手术治疗，往往很早就会死亡。

（四）生产时与早年的伤损

如今有事实表明，许多低能者在出生时受伤，早年头部的伤损也会产生同样的影响。

（五）传染后的影响

这是指儿童初期的传染，一般的情形是：儿童在某一时期是有正常发展的，但是遭遇发烧，即有昏迷或痉挛的现象，而在病后不会恢复常态的心智，或在心智方面无正常的发展。在这种影响的传染中，脑炎（encephalitis）最为严重，其他像脑膜炎（meningitis）、结核病（tuberculosis）、急性舞蹈病（acute chorea）有时也能产生这种结果。

二、诊断和预后

低能的诊断要依据智力测验的成绩而定。除了极少数情况（尤其是由腺病所导致的）不论之外，低能很难治疗，而在可治疗的情况中，则以早治疗为宜。

参考文献

Gray. E. W. (1933). An Anatomical Study of the Brain in the Feeble-minded, *Proc. & Amer Asso. Ment. Def.* 38, 163—169.

Jenkins, R. L. (1932). The Etiology of Mongolism, *Arch. Neur. & Psychiat.* 28.

Miller, E, M. (1926). Brain Capacity and Intelligence.

Peterson, J. (1925). Early Conceptions and Tests of Intelligence, *World Book Co.*

Scheidemann, N. V. (1931). The Psychology of Exceptional Children. *Houghton Mifflin.*

Spearman, C. (1927). Abilities of Man, *Macmillan.*

Spearman, C. (1923). The Nature of Inteligence and the Principles of Clognition. *Macmillan.*

Terman, L. M. (1916). The Measurement of Intelligence, *Houghton Mifflin.*

Thorndike, E. L. Brigman, E. O. , & Cobb, M. B, (et al). (1926). The Measurement of Intelligence, *Bureau of Pubs*, *T. C. Columbia*.

Thurstone, L. L. (1924). The Nature Intelligence, *Harcourt*.

Tredgold, A. F. (1914). Mental Deficiency. *William Woods*.

第十九章　大脑萎缩、血管硬化及其他老年的变化

我们在本章中讨论两种病症：一是老衰病，二是脑脉僵化病，这两种病症也可能同时发生。

一、老衰病

这是因为年老而出现大脑萎缩、身心退化的现象。年老的人在身体和精神方面有所亏损是常见的事，不过其精神的能力尚有颇高的表现。衰老的早晚因人而异，有的人在六十岁的衰退现象甚至超过九十岁的人。脉管僵化的变化可以加速心力衰退，所产生的症状，则不能从单纯的老衰病中察看到。

（一）病因

老衰是退化期在细胞组织方面发生的变化，所以年龄是极为重要的一个因子。在六十岁之前患老衰病的人极少。柏林格（Bellinger）发现，在二百个案例中，这种病发生的平均年龄为七十四岁。97%的患者最初有神经错乱的现象，有各种特殊情

况（如嗜酒、梅毒、过度疲劳等），可以加速老衰病的产生，此外，也有各种近因，如所爱者的死亡、财产的损失、手术的经历与环境的变迁等等。

（二）病理

老衰病患者的脑会表现出以下的情形：重量减轻，其回旋呈皱缩形状，其间有大量液体，两侧最多，脑膜增厚，附于脑骨，会出现失血的现象。这种大脑萎缩的情形就是老衰病的原因，而与脑脉的僵化没有关系。但在许多事件中，也有同时发生的现象。脉管的硬化使其容量减少，而脑部将会受到营养不良的影响。结果在脑中就会有软化的部分，尤其在皮质部最多见，而且往往会因为血管脆弱、血瘤膨胀而出现失血的情况。

（三）症状

心理方面的症状比较复杂，先加以叙述。

1. 记忆的损失

这是患老衰病者初期的症状之一。这种症状会逐渐加剧。患者对于最初遇见的人以及所游历的地方记不起来，等到病情加重时，甚至会忘记自己的年龄、住址及子女的名字，知觉能力会逐渐损伤，其思维的范围日益狭隘，患者的谈话是过去事实的重复颠倒，使人听了心生厌烦。

2. 定向力的损失

患者不能确定日期，不能区别四季，人物和空间的定向也会失去，例如，把他人当作家人，或把自己住的地方看成是皇宫。

3. 无目的的漫游

患者有漫游的行为，这种情形大概与记忆的消退和定向力的损失有关系。

4. 失眠症

患者的睡眠时间有减少的趋势,患病较深者几乎不睡觉,这种情形也和漫游有关。

5. 错乱

患者因为血液循环不良,所以大脑得不到充分的营养,于是情绪表现出错乱的状态。

6. 病态的易激惹

年龄越大,易激惹的可能性越大,甚至微小的刺激,也可以引起剧烈的激动,这种情形含有极大的危险性,例如,一个老人因为嫌两个孙子玩笑的声音过高,而枪杀了他们。

7. 判断能力的缺乏

患病较重的人,会完全丧失其理财能力,其毕生的积蓄,可能短时间内就丧失殆尽。患者在立遗嘱时往往被一时的好恶所支配。

8. 性的变态行为

有些患者会丧失大脑的控制能力,所以在两性方面会表现出变态的行为,这种问题兼有医学和法律两种性质。

9. 心智的衰退

所有老衰病都表现为心智的衰退,最初在其毫无系统的语言中,还能看出以往受教育的程度。但患者的心智持续衰退,到最后的时期,生活只不过是生存而已。

10. 老年谵妄症

其特征为定向能力的丧失与幻觉的产生。此时患者会转入一种谵妄的状态,从一般的事实看来,这种谵妄症的侵袭持续时间并不久,因为患者可能会因此而死亡或很快恢复正常。

11. 妄想与幻觉

在老衰病患者中,只有 50% 的患者有妄想和幻觉的症状。这类患者的妄想多有愚笨的性质,而且缺乏系统性,最为常见的是受人逼迫的妄想、抑郁的妄想和夸大的妄想三种。

至于身体方面的现象,如皮唇无色、皱纹丛生、头发脱落、耳不聪目不明。其他感觉器官也会减少其敏锐性,手足的动作都不如以前准确,膝盖反射或增强或消减。瘫痪症、失语症、类似于中风或癫痫的痉挛,在单纯的老衰病中也有听到。

(四)诊断

如果是年过六十岁,有心智逐渐衰退的现象,或年老的人在感受到精神或身体的冲击以后而出现衰退的现象,则诊断为老衰病不会出错。总之,年老而且有衰退的现象,是诊断这种病的主要依据。

(五)预后

这种病发展的进程是进行性的退化,完全没有恢复原状的可能。

二、脑脉僵化病

(一)病因与病症

根据奥斯勒[①](Osler)的主张,遗传是脑脉僵化病的一个

---

① 特编注:原文译为"俄士勒"。

重要因素，其特征是剧烈的头痛（尤其晨间最为严重）与昏眩。患者也往往会出现暂时性的半身不遂症和失语症，这是由于脉管有些部分因为发生痉挛现象而暂时性缺乏营养所致。例如，有一种运动性失语症，即在十二到二十小时内完全失去语言能力。这种病症的产生不一定要有其他精神上的扰乱相伴随。此症虽然有暂时的性质，但有重复出现的趋势。暂时的瘫痪症（半身不遂）也是脑脉僵化病中相当常见的现象。患者的情绪极不稳定，而且往往有一种被人谋害的妄想。其对于时间和人物的定向能力均不完善。我们在这里应该注意的是：有些患者仍能保持其精神的敏锐性，而其脑脉僵化的影响仅能通过局部的现象观察到，如知觉性失语症与运动性失语症。

如果患者因为脑脉僵化而有心智退化的现象，那么这种现象在每次痉挛现象发生之后会愈加增强，而在两次侵袭之间则不是特别显著。

（二）诊断

脑脉僵化和老衰病二者最难区别，因为它们均发生于老年时期，且有时可能同时发生。脑脉僵化病可以使心智衰退现象提前发生，其症候具有单纯的老衰病不具有的症状，例如头痛。

参考文献

Critchley, M. (1931). The Neurology of Old Age. *I. Lancet*, 220, 1119—1126, 1331—1336.

Martin, L. J., & De Gruchy, C. (1930). Salvaging Old Age. *Macmillan*.

第二十章　原因不明的精神病

当今的变态心理学，还处于发展的稚嫩时期。我们对于有些病症的原因缺乏充分的认知。这里以癫痫病（epilepsy）为例。脑部受伤导致的创伤能使患者产生痉挛的状态，原本这种痉挛是癫痫的一种，但是癫痫病产生的痉挛并不都是因为脑部损伤导致的。由此可见，这类病症还有继续研究的必要。

我们在本章中将讨论以下四种精神病：癫痫病、早发性痴呆①（dementia praecox）、躁郁病（manic-depressive psychoses）、神经衰弱病（neurasthenia）。

一、癫痫病

这种病已有悠久的历史。在古希腊与巴勒斯坦②（Palestine）这种病有坠病之称（falling sickness）。历史中的大人物也

---

① 特编注：此处原著也叫"早衰病"。
② 特编注：此处原著为"怕勒斯听"。

有患这种病的，比如拿破仑（Napoléon），凯撒①（Caesar）等等都是。

（一）症状

癫痫病包括很多情况，就大体上而言，它的特征是病症突然发生，而在意识方面多有紊乱的状态。患者往往有唯我独尊且容易攻击他人的倾向，性情极不稳定，容易动怒，这种性情上的变化常常使患者不能适应他周围的环境。在固定不变的环境中，还可以勉强应付，但是环境一旦发生变化，就会立刻产生困难。

在痉挛症发作的时候，患者会觉得有一股气形（aura）从肢体中散发出来，上升到头部。这时候患者有许多不规则的活动产生，最后意识会因此丧失，会持续几分钟到两小时之久。这种症状发作后产生的狂热状态具有非同寻常的危险性，患者残忍好杀，有摧毁一切的倾向。

此外，还有一种状态称为"同值状态"（equivalent states），这种状态是指突然有精神扰乱的现象产生，但与此同时没有产生痉挛症状。这也是常见的状态，它的危险性与狂热状态相比而言较小。患者有时也有抑郁和激动的状态，或昏迷和狂欢的状态，不过都是短暂的现象。

妄想也是经常发生的现象，因此我们将这种现象视为癫痫病患者的心理反应中的一种。神游症（fugue）有时也会有。

（二）病因

---

① 特编注：此处原著为"西撒"。

这种病的原因不止一种，大约有以下几种。

1. 大脑受伤。患者的大脑在出生时或在出生后受伤，都有患这种病的可能性。

2. 腺病。垂体（pituitary body）与甲状旁腺（parathyroids）都和这种病有着特别的关系。

3. 遗传因素。有人说遗传也是产生癫痫病的一种因素，但在许多患有癫痫病的患者中并没有发现这种因素。

4. 营养。有很多癫痫病患者因为在食物上有某种限制，但是这是种良性的现象，所以这种病好像和营养也有关系。

（三）预后

根据当今的医学经验来看，癫痫病似乎没有完全治愈的可能。由脑部损伤导致的癫痫有时利用当今的外科手术，除去脑中的创伤后，可以获得治愈。由于腺病产生的癫痫病，使用治疗内分泌的药物也有良好的疗效。由于营养的原因产生的癫痫则可以从改良食物来改善病症。

癫痫病往往有愈发严重的趋势，如果是儿童患者，那么痊愈的可能性比较大，往往在青春期前后可以痊愈。

根据司卜拉特林（Spratling）的观察，在十岁之前患这种病的人有38.5%；发生在十岁到二十岁之间的患者有43%；发生在二十岁到二十九岁之间的患者有9%。根据高尔[①]（Gower）所言，这种病有76%发生在患者二十岁之前。

---

① 特编注：原文译为"高亚"。

二、早发性痴呆（dementia praecox）

早发性痴呆①多发生在青春期。它的特征是倾向于独处，缺乏情绪以及心智退化，到最后的结果是缺乏精神能力。从社会与经济的观点来看，这种精神病是所有精神病中极为重要的一种。这种病发生最早，而且也不致死；所以患者大部分生活都在医院度过，有的患者住院三四十年甚至更久。

（一）病因

目前还没有发现这种病是唯一的原因所致。它的起因的性质也许并不是单一的，有腺病导致的、有细菌传染导致的［尤其是所谓的病灶感染②（focal infections）］、还有身体内积累的毒素③（endogenous toxin）导致的。

在患者的家族中往往有癫狂的历史，因此遗传好像与这种病症的产生也有关系。这种关系究竟是怎么样的，还没有被人们所熟知，不过根据现有的事实来看，遗传确实是一种因素。

（二）症状

这种病的起因虽然不一致，但是它的症状却是相同的。心智和情绪的发展进程往往不一致，譬如患者应当喜悦却在哭，或者应当悲伤却在笑。患者对于他所在的环境缺乏兴趣，独自坐在角落，状态奇特，也不知道外界正在发生什么事。患者对于最近事实的记忆，明显有退化的趋势。患者甚至于对他自身

---

① 特编注：现在称为"精神分裂症"。
② 特编注：原文译为"中心传染"。
③ 特编注：原文为"体内之积毒"。

也没有兴趣,因此生活就限制在他的思维世界内。

这种病可以根据症状分为四类:单纯型早发性痴呆(simple dementia praecox)、青春型早发性痴呆①(hebephrenic dementia praecox)、紧张型早发性痴呆②(catatonic dementia praecox)、偏执型早发性痴呆③(paranoid dementia praecox)。

1. 单纯型早发性痴呆

这种病的发展具有潜伏性,主要特征是淡漠无情,患者人格的变化没有固定的时间期限。正常状态的青年可能一下变得异常冷淡。他们在学校中的成绩远低于以前的成绩,并且对于及格和落榜的事,以及有没有朋友,都不计较。除此之外还有疲倦、头疼和失眠的现象。妄想和幻觉也间歇性地发生,但是患者完全不当一回事。总之,这种病的特征是淡然无情的态度和心智退化的趋势。

2. 青春型早发性痴呆

这种早发性痴呆的发展与单纯型早发性痴呆相比更加迅速。在初期和抑郁病非常相似,并且有心智退化的现象。妄想与幻觉出现的次数与抑郁病相比更多,并且它的性质都是让人厌恶的,患者会听到一种声音,斥责他曾经犯过的罪行,或者一天到晚独自静坐,和想象中的声音交谈,有时会无缘无故地发笑。

3. 紧张型早发性痴呆

这种早发性痴呆的主要特征是患者在动作方面的症状。这

---

① 特编注:原文为"青年早衰病",现在称为"青春型精神分裂症"。
② 特编注:原文为"抑郁早衰病",现在称为"紧张型精神分裂症"。
③ 特编注:原文为"妄想早衰病",现在称为"偏执型精神分裂症"。

种病在开始时可能不显著,但在一种动荡(例如失血过多)之后也可以发生。在初期,患者极度抑郁,但是之后激动和昏迷两种状态交替发生。患者经常出现狂怒的状况,凭借这种盛怒来破坏物件,损害自身或者伤害他人。但是患者在一种昏迷状态的时候,经常采取一种奇怪的姿势,甚至独自坐在一处长达几个小时之久。这种患者往往有反抗的态度,例如让患者张嘴,他反而闭嘴;让他过来,他反而离去。屡屡出现耍性子的行为。

患者经常听到一种声音斥责其曾经作恶,但是这些事情发生的时间地点与事实不相符合。他们的妄想也非常奇特。

4. 偏执型早发性痴呆

有时我们对于偏执型早发性痴呆和激越的紧张型早发性痴呆难以区别。只是,受到别人逼迫的妄想是偏执型早发性痴呆的主要症状。患这种病的人,他们的妄想既不合理又没有系统,这种情形有时容易与真正的妄想症相混淆。这两种病的诊断应当以患者退化的程度为依据。

患者往往有犯罪的可能性,因为其常常有受人逼迫的妄想,从而缺乏判断与领悟的能力。

(三)诊断

诊断应以下列各项事实为依据。

这种病的发生大约在青春期前后。最开始的表现是情绪和行为的异常,但是在此之后还会产生心智退化的现象。情绪的表现和思维的内容不相符,并且反应大多有机械的性质。

早发性痴呆在比较严重的时期容易诊断,在初期时诊断却极为困难。有些形式的躁郁病很难和早发性痴呆进行区别,如果有病愈复发史，但是没有退化的现象，那么诊断的结果就是躁郁病。全身瘫痪有退化的现象，这与早发性痴呆相似，但是前者存在华氏反应，这可以作为诊断的依据。酒精中毒导致的心智退化的患者，往往会和因嗜酒导致早发性痴呆的患者相互混淆，其区别在于早发性痴呆的心智退化比纯粹因为酒精中毒而产生的心智退化更快。

（四）预后

早发性痴呆大多是一种进行性的疾病①，结果患者会变得非常愚笨。这种症状虽然有时候可以减轻，但是常常会有复发的可能性，不过也有少数患者可以痊愈。这种病的预后大概可以视下列各种情形而定：患病的年龄，患病前的人格特质和患病时表现的形式。在这三种情况中，最后一项极为重要。

如果疾病发生得很迟，那么预后的结果就不好。在四十岁以后才患这种病的人，完全没有治愈的可能。如果这种病在初发时有突发的性质，并且患者以前也有正常的人格，那么治疗的结果还有希望。如果这种病症有潜伏发展的情况，并且患者属于内倾人格，那么它的危险性就较大。根据这种病的各种形式而言，紧张型患者最有希望治愈。单纯型的发展非常缓慢，但是它的结果必定是痴呆，并不是所有患者的退化必定达到这种程度。至于偏执型早发性痴呆就罕见有可以痊愈的，但是这种病发展极为缓慢，甚至有时两三年没有进退。最有希望的就是紧张型，多数可以减轻，少数的可以痊愈。根据克雷佩林②

---

① 特编注：指不断加重、不断恶化的疾病。
② 特编注：原文译为"克林卜林"。

(Kraepelin)的观察,青春型早发性痴呆患者和单纯型早发性痴呆的患者有8%可以痊愈,患紧张型早发性痴呆的有13%可以痊愈,而在偏执型早发性痴呆患者中几乎没有一人可以治愈。

三、躁郁病

躁郁病也包含多种精神病在内,它的特征或是躁狂或是抑郁或是两者的混合。患者在每次发病之后,可以立即恢复到原来的状态,但是这种病往往有再次发作的倾向。就一般事实看来,这种情形在心智方面没有退化的现象,它的扰乱现象大多在情绪方面显现,因而普莱西①(Pressey)把它命名为"情绪极端狂"(insanity of emotional extremes)。

这种病的分类有很多:如果以患者主要的情绪状态为依据,那么有躁狂型②(manic type)、抑郁型③(depressed type)及混合型(mixed type)之分。躁狂型的特征是躁狂病循环发作,它在心理方面的现象就是思维奔逸,愉快的感觉,率性的反应和激越的行为。每次在这种病的发作之前,常常有一个抑郁的时期。抑郁型的特征是抑郁病的周而复始,它在心理上的现象表现为思维贫乏、态度冷淡以及行为迟滞。混合型表现出两者的特征。

躁郁病也可以根据它的变化程度进行分类,患者性情变化的范围包含正常情绪的起伏,一直到剧烈的躁狂病或者木僵的

---

① 特编注:原文译为"卜雷西"。
② 特编注:原文为"狂型"。
③ 特编注:原文为"郁型"。

抑郁病。在躁狂病的一端有轻躁狂（hypomania）、重躁狂（acute mania）和特急躁狂（hyperacute mania）；而在另外一端则有单纯迟滞（simple retardation）、重度抑郁（acute melancholia）、木僵型抑郁①（stuporus melancholia）。各种类型可以用图1来表示。

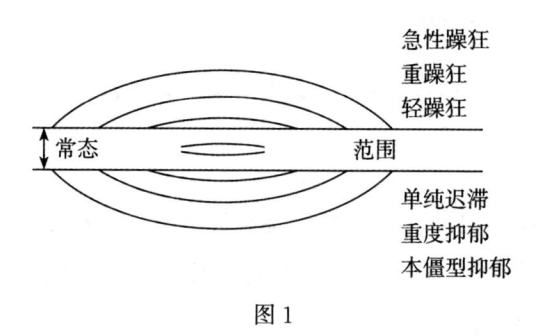

图1

在上图中，凡是情绪变化不超过水平线的都可以看作正常。

躁郁病也可以根据它各种类型和各方面出现的次序进行分类。例如循环狂②（recurrent mania）就是指反复发生的躁狂病，圈形狂③（circular insanity）就是指躁郁的交替。其他躁郁病可见图2。

---

① 特编注：原文为"迷郁"。
② 特编注：即：复发性躁狂。
③ 特编注：即：循环性错乱。

循环狂

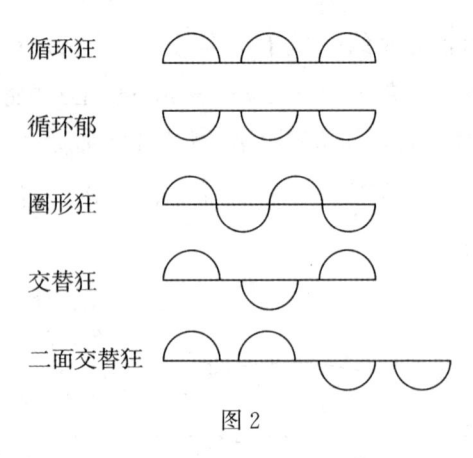

循环郁

圈形狂

交替狂

二面交替狂

图 2

在上面各图中,水平线代表正常现象。水平线上的曲线代表躁狂病的发作,而水平线下的曲线则代表抑郁病的发作。

(一)病因

躁郁病的真正病因直到现在仍然没有发现,下面所陈述的只是我们应当加以考虑的因素。

1. 遗传

一般而言,遗传是这种病的一个重要因素,例如普莱西[①](Pressey)就说过,躁郁精神病是一种最显著的遗传精神病。如研究精神病学的几个专家所言,在患这种病的人中有75%至80%有遗传的影响,也就是说大多数患者的家族有病史。这种遗传的形式不应该看作是这种病的直接遗传,遗传的不过是一种组织。波恩(Bohn)认为人格的组织、性格与行为特质,都有一部分是由遗传而来。波恩曾经研究过几个家庭中躁郁倾向的遗传,根据他所得的结果,每个家庭中精神病的发生确实有

---

① 特编注:原文译为"卜雷西"。

惊人的相似性。

但是研究躁郁病的人对遗传这一因素不能过于重视，如果我们将遗传视为唯一的解释，而不去寻求其他较为基本的原因，那么精神病学将永远没有发展。

2. 人格的倾向

人格的倾向性，往往可以在躁郁病中观察到。患者在发病之前，有抱乐观态度的，有抱悲观态度的，也有不应忧虑而忧虑的，或者不该欢喜而欢喜的。在躁郁病还没有发作之前常常有这种情绪起伏的现象。究竟在这种性情的倾向中，哪一部分属于遗传，哪一部分属于学习，是一个未能解决的问题。

3. 年龄与性别

年龄与性别也是应该加以考虑的因素。这种病初次发生在二十岁到三十岁之间，十五岁之前很少出现，并且在五十岁之后也不多见。这种病发生一次以后，就会有复发的倾向。就性别而言，女性患有这种病的人较多，在患者中大约有65％属于女性。

考虑到躁郁病的特殊病因，下面的陈述是值得考虑的。

4. 腺病

有些腺体的正常活动表现出节奏和循环的特征，并且这种节奏和循环有时也有性情上的变化与其相辅相生。这一事实似乎表明，情绪反应的极端变化必然有腺体的基础。例如甲状腺的过度发展和性冲动的病态之间的关系，似乎能证实这种假设。并且在躁狂病患者中，有由于卵巢的治疗，从而获得良好效果的人。

现在我们还不能确定哪种腺体与这种循环的变态现象有关，如果能够测量血液中的内分泌物，那么腺体与这种病之间的关系就能明确了。

5. 病灶感染①（focal infections）

戈登②（Cotton）重点关注了长时间的传染和机能精神病之间的关系。它的治疗方法就是去除这种传染的中心，例如长时间病变的牙齿、扁桃体、盲肠等等。这就是戈登所谓的"去毒"（detoxication）法。

（二）症状

这种病的主要症状是躁狂症或抑郁症的循环性，我们现在可以对这两方面的症状加以研究。

1. 躁狂期（manic stage）

情绪高涨是这个时期的主要特征。其中症状较轻的也有趾高气扬的状态，患者终日活动，喋喋不休，自鸣得意，并且对于一切刺激的反应比正常人快。患者穿的衣服常常有鲜明的色彩。

当病情加重时，上述反应的强度也会增加。患者注意力的方向容易改变，他的注意力会从一件事情转移到其他的事情上③，并且这两件事不一定具有明显的关系。当他的想法被人干涉的时候，会发生捣乱的行为，比如有时破坏家具，有时大声呼号，有时张口大骂，有时对干涉者进行恐吓。患病较深者往

---

① 特编注：原文译为"中心传染"。
② 特编注：原文译为"卡吞"。
③ 特编注：即：随境转移。

往有思维奔逸的症状，也会产生幻觉，判断力也会因此受到影响。不过一般而言，患者的定向和记忆能力没有损伤。暂且不论轻躁狂，患者的活动必定比常人多，并且在一瞬间可以放弃一件事去做其他事情。

患者常常有干预别人的倾向，在医院，患者经常要求帮助看护者，或者到处奔走，就好像在履行医生的职务。除此之外还有各种奇特的行为，比如在别人面前更换衣服，做极其危险的运动等等。

最后患者会进入一种混乱的状态，语言材料互不关联，而且缺乏意义，伴随暴烈的行为，如破坏家具、攻击他人，如果不加以制止，其身体会遭到极大的危险。

总的来说，躁狂病最重要的特征是：（1）思维奔逸，（2）愉快的感觉和易于激怒的特性，（3）率性的反应，（4）行为上的兴奋状态。

2. 抑郁期（depressed stage）

在抑郁期中，患者的情绪状态大多与躁狂期相反。单纯患阻滞病的人，思维和行为与正常人相比很慢，并且脸上有一种特殊的愁容，态度表现为缺乏自信心。他不仅不能对任何刺激作连续反应，而且对任何刺激都很难作出反应。

患病较深的人有轻视自己的态度，他有时感觉自己没有生存的价值，因此会尝试绝食或自杀，但是自杀相比于患有退化抑郁的人来说更少。患者常常静默无言，很难与之交谈，进行心理上的工作几乎完全不可能。即使是简单的算术问题也需要很大的努力才能完成。不过，如果患者还未达到昏迷的程度，那么他的定向能力大多没有损失。就事实而言，抑郁症患者对自身的状况似乎能够有所领悟。

患病最深的患者整天垂头丧气，不能作出任何反应。这种患者常常说曾经有过伤害别人的行为，并且因此而自责。

总的来讲，抑郁期的主要特征为：（1）思维贫乏，（2）情绪抑郁，（3）动作迟滞。

3. 身体的特征

从身体检查的观点来看，在躁狂期中，外周血液循环往往有异常的活动，脉搏和呼吸特别迅速，食量非常大，夜里失眠，疲劳的状态难以表现出来。至于在抑郁期中，外周血液循环则非常缓慢，四肢端部只有极低的温度，脉搏极慢、消化不良、体重减轻。患者常被噩梦困扰，因此减少睡眠。

（三）诊断

正面的诊断会以狂热或抑郁的循环为依据。在不确定的情形中，我们应当调查这种病开始的年龄是否在三十岁左右，患病前的情绪是否起伏不定，患者的家族中是否有人患有循环性的精神疾病。

在此病初期，各种症状可以是极其温和的，因此往往会被他人所忽视，患者当时所具有的症状有时不过是一种不安定的状态，或是一种疲惫且不舒适的感觉，或是失眠症，或是工作效率的降低。

容易和躁郁病相混淆的精神疾病有以下几种：

1. 退化抑郁病①

躁郁病的抑郁期和退化抑郁病极为相似，在区别这两种病的时候，我们必须考虑年龄的因素。退化抑郁病属于退化时期，这个时期性腺的活动逐渐减少，这种病在女性中最多，并且初发的时期常和停经的时期相吻合。如果说有一种精神病与这种病相似，并且发作较早，那么应当属于躁郁病一类。此外还有一个可以区别的点，就是这种病对治疗方法的反应。退化抑郁病对腺体的治疗容易发生反应，大概是因为这种病是内分泌因性腺功能停止而失去平衡的结果。

2. 精神神经病②

有些精神神经病，尤其是有忧虑和抑郁状态的，容易和躁郁病相混淆，只有患者病前的人格和其反应的倾向这两点可以作为诊断的依据。例如，患精神神经病的人，往往因他自己不如意的情境而责备其他人，而患躁郁病的人经常归咎于自己而内疚自责。

3. 甲状腺功能亢进症（hyperthyroidism）

这是由于甲状腺过度发展而产生的精神疾病，也可能和躁狂病相混淆，不过前者如果不及早加以遏制就会有生命危险。

4. 早发性痴呆

在初期，躁郁病与早发性痴呆几乎无法进行区别。对这两种病的诊断依据有如下几点：

（1）患者的年龄。发生较早（在十五至二十岁左右）的，

---

① 特编注：当今为"更年期抑郁症"。
② 特编注：当今为"神经症"。

大多是早发性痴呆；发生较迟（在三十至四十岁之间）的，大多是躁郁病。

（2）病前的性情与人格。人格内倾的人多见早发性痴呆，而性情磊落的人多见躁郁病。

（3）反应型。患早发性痴呆的，大多在早期表现出愚笨与奇特的反应，而躁郁病患者，大多有任性的行为。如果初期没有这种诊断的可能性，则后来的诊断必然没有困难。经常发病并且有心智退化的现象是早发性痴呆的特征，有时清醒并且没有心智退化的现象是躁郁病的特征。

（四）预后

躁郁病往往没有完全治愈的可能。患者在经过狂病与郁病的发作之后，会自然恢复原状。在这个期间①，患者的精神生活几乎和正常人相差不大，这个时间有时是几天，有时是几年。不过这种病具有循环性，并且几乎没有例外。

四、神经衰弱病（Neurasthenia）

神经衰弱病可以看作精神神经病（psycho-Neuroses）的一种，它的特征是散漫的疼痛，不应该有却有的疲惫感，以及对于自身健康的过度忧虑。

（一）病因

根据现在一般的研究来看，在精神神经病中，有确切的机体基础的就是神经衰弱病了。这种病原先是一种神经上的疲劳，

---

① 特编注：指恢复期。

它的原因必定与一种能减少体力的因素有关。这里应当注意的事实是，这种病常常伴随着一种传染病而发生，例如流行性感冒（influenza）或者昏睡性脑炎（encephalitics lethargica），在患者中也有许多曾经患有白浊[①]的人。这些传染病对于体力的减少多少有一定关系。

从神经学的观点来看，这种病有一部分是由于神经质的变化。患者的神经细胞必定表现出染色质分解（chromatolysis），这就是指黄色质（chromaffin）的分解，这是神经细胞疲劳必有的现象。

这种病表现的疲劳状态似乎有更大范围的机体基础。内分泌腺似乎是这种病的一种因素，因为患者可以通过内分泌的治疗而有所改善，例如甲状腺、肾上腺、脑垂体（pituitary）、胰腺（pancreas）、性腺等等都与此有一定的关系。

（二）症状

这种病的症状可以从身体和心理两个方面分别进行陈述。前一类的症状又有普遍的和局部的两种。

1. 普遍的症状

疲倦是其主要的特征，患者稍微劳动，疲惫的感觉就随之出现。尤其是在患者兴趣减少的时候，这种感觉最容易产生。体重减轻也是一种显著的症状。

2. 局部的症状

局部的症状可以分为不同的系统来叙述。

---

① 特编注：当今为"淋病，属尿路感染疾病"。

(1) 消化系统。食欲不正常、食欲缺乏（anorexia）、消化不良、膨胀（distention）、嗳气①（eructation）、反胃（nausea）、呕吐（vomiting）、便秘（constipation）或腹泻（diarrhea）、大肠黏液膜发炎（mucous colitis）。

(2) 循环系统。心脏部位不畅、心跳过速（tachycardia）、心悸②（palpitation）、伪喉炎的感觉（pseudo-anginalsensations）及无规律的心跳。

(3) 脉搏系统。面色苍白、面红出汗、冷或热及其他各种病症。

(4) 生殖系统。阳痿（impotence）、夜间遗精、痛经（dysmenorrhea）、小便次数过多（frequency of micturation）、尿量特多。

(5) 呼吸系统。容易受寒、呼吸短促，有时呼吸非常浅并且速率增加。

(6) 神经系统。头部以及身体各部分有特殊的感觉，头壳有肿胀或者炸裂的感觉，头部疼痛（尤其在脑袋后部）、肛门、腹部、乳部等处有奇怪的、不自在的或者疼痛的感觉。最普通的现象是失眠和背部的疼痛，眩晕也是常有的现象，也有患畏光症（photophobia）、目中飞蝇现象（muscae litantes）、耳鸣等各种症状的。

3. 心理方面的症状

在心理方面最常见的症状有以下几种：缺乏注意力集中的

---

① 特编注：原文译为"逆气"。
② 特编注：原文译为"心动"。

能力，记忆的错误，对于发疯的恐惧。患者看见有他人在面前，就会产生过度的自我意识，因而手足无措，并且常有自卑的情感，有易于发怒的倾向以及抑郁的状态。病态的恐惧与病态的忧虑也是常见的现象。

（三）诊断

这种病很难诊断，因为患者的反应与初患其他许多病症的反应相同。全身瘫痪病与脑脉僵化病的初期往往和这种病相似。如果我们根据目反射与腱反射的异常表现，以及梅毒检查的结果，则可以加以区别。

早发性痴呆的初期也可能与这种病相混淆，主要的区别就是早发性痴呆有淡漠无情的状态。还有其他病也与这种病相似，所以在诊断的时候尤其需要留意。例如初患痨病的患者也有这种现象。即使是有丰富医学经验的人，有时仍然不能避免错误。

（四）预后

患者如果有适当的治疗与环境，则有治愈的可能。

参考文献

Babcock, H. (1925). Dementia Praecox: A Psychological Study. *Lancaster, Pa.: Science Press*.

Bleuler, E. The Theory of Schizophrenic Negativism. *Nervous and Mental Disease Monograph Series* No. 11.

Braun, E. (1933). Manisch-depressives Irresein, Fortsch. *Neur. Psychiat. u. Grenzgeb* 5, 505—518.

Brew, M. F. (1933). Precipitating Factors in Manic-depressive Psychosis. *Psychiat. Quar.*, 7, 401—410.

Dana, C. L. (1925). Textbook of Nervous Diseases. *William Wood*.

Desruelles, M., &.Chiarli, A. (1930). Injections de Serum Bromurehypertonique dans les crises subintrantesdepilepsie. *Ann: med. Psychol.*, 88, 144—145.

Frisch, F. (1930). ZurFrage der Psychogenese der Epilepsie. Zentbl. *F. Psychotherap*, 3, 482—495.

Gibbs, C. (1924). Sex Development and Behavior in Female Patients with Dementia Praecox. *Arch. Neurol. & Psychiatry*, 11 (2).

Helmholtz, H. F., & Keith, H. M. (1930). Eight years' experience with the ketogenie diet in the treatment of epilepsy. *J. Amer. Med. Asso*, 95, 707—709.

Hoch, A. (1921). Benign Stupors. *Macmillan*.

Jung, C. G. The psychology of Dementia Praecox. *Nervous and Mental Disease Monograph Series*, No. 3.

Kelly, O. F. (1924). Acidophil Degeneration in Dementia Praecox. *Amer. J. Psychiat*, 3.

Kirby, G. H. (1913). The Catatonie Syndrome and Its Relation to Manie Depressive Insanity. *J. Nerv. And Mental Disease*, 40 (11).

Lorenz, W. F. (1922). Sugar Tolerance in Dementia Praecox and Other Mental Disorders. *Arch. Neurol. & Psy-*

chiatry, 8 (2).

Ludlum, S. D. (1922). A Study of the Internal Stigmas of Degeneration in Relation to Metabolism and Disturbance of the Cerebral Cortex in Children. *Arch. N. & P.*, 8, 167—173.

Ludlum. S. D. (1924). Physiologic Conditions under which Insanity Occurs, *Arch N. & P.*, 11, 282.

Lugara, E. (1909). Modern Problems in Psyciatry.

Menninger, K. A. & Menninger, W. C. (1932). Epilepsy and Congenital Syphilis. *J. Nerv. & Ment. Dis.*, 75, 473—497 & 632—657.

Meyer, A. (1922). Constructive Formulation of Schizophrenia. *Amer. J. Psychiatry*, 1 (3).

Mores, M. E. (1923). The Pathological Anatomy of the Ductless Glands in a Series of Dementia Praecox Cases. *J. Neurol. And Psychopath.*, 4 (1).

Noyes, A. P. (1934). Modern Clinical Psychiatry. *Saunders*.

Patry, F. L. (1931). The Relation of Time of Day, Sleep, and Other Factors to the Incidence of Epileptic Seizures. *Amer. J. Psychiat*, 10, 789—813.

Pollock, H. (1981). Dementia Praecox as a Social Problem. *The State Hospital Quarterly*.

Pollock, H. M. Malzberg, B., & Fuller, R. G. (1933). Hereditary and Environmental Factors in the Causation of Dementia Praecox and Manic-depressive Psyohoses. *Psychiat. Quar.*, 7, 450—479.

第二十一章　机能的精神病

在变态心理学中，还有一些精神疾病在机体方面似乎没有什么表现，这类精神病暂时可以称为机能的精神疾病。本章中所讨论的是下列几种：一是妄想症（paranoia），二是心理衰弱病（psychasthenia），三是癔症（hysteria）。

一、妄想症（Paranoia）

妄想症表现为一种有系统的妄想倾向。这种倾向具有永久的性质，但是对于心智的活动没有损伤。这一名词原是用来代表一般的精神疾病，不过现在因为对于精神疾病的知识日益增进，发现了妄想狂所指代的仅限于一小部分精神疾病。

（一）病因

这种病的原因至今尚未明了。路易斯①（Lewis，N.D.）发现在患有这种病的人的循环系统中有许多缺陷，患者中有很多

---

① 特编注：原文译为"柳逸士"。

是因为血液循环的失调而死亡的情况。

患者常常是独自居住而没有朋友的人。他们在早期就有自负与多疑的倾向。这个病发展于潜伏的情形中，只有其发生的年龄范围还很难确定。有多数案例是在患者40到50岁之间发现的。男性患这种病的人数比女性多。在患者的家族中，曾有精神病史的几乎超过半数。这似乎表明了遗传因素的重要性。

（二）症状

真正的妄想症常有"包围精神病"（circumscribed psychosis）[1]之称，以前的精神病学者称它为"偏执狂"[2]（monomania）。它的意义是：患者仅仅在一件事上表现出精神病的现象，而在其他的事情上则没有。这恐怕不是正确的观点，因为患者对于其他事情也缺乏判断能力，不过不像妄想系统中所表现的那么严重罢了。患者的妄想是以一个共同的主题为中心，而组成一种系统。至于心智方面，退化则极少。他的思维进程还有逻辑，但他所想的事情非常奇特，因此有了变态的色彩。

斯托达特[3]（Stoddart）根据行为上的症状，将妄想狂分为两类：奇特类和自尊类。

1. 奇特类——属于奇特类的人对其他人的事情极有兴趣。富于奇特想法的人和沉溺于迷信的人都属于这种类型。他们常常有奇特的想法和计划，而且动不动就干涉他人的事情。

2. 自尊类——属于自尊类的人的妄想是以他自己的人格为

---

[1] 特编注：当今称为"局限性神经病"。
[2] 特编注：原文为"一事狂"。
[3] 特编注：原文译为"司托达特"。

中心。我们根据妄想的内容可以区别成下列几种：（1）有受人逼迫的妄想；（2）虽然有浮夸的妄想但是仍保持悲观的态度的；（3）有无故与人争辩的倾向的；（4）有宗教狂的；（5）坚持和人恋爱的；（6）没有原因而嫉妒他的妻子的；（7）整日忧虑自身健康的。

（三）诊断与预测

这种病的诊断必须以患者过去的历史和症状为依据。与妄想早衰病的区别是它发生的时间比较迟，而且其妄想是具有系统的，患者心智的能力也不会退化。它和全身瘫痪病的区别是后者的血清和神经检验的结果。这种病虽然和妄想老衰病相类似，但是妄想老衰病发生更迟，而且伴随着身体上各种特征和心智的退化。妄想症目前还没有治疗的可能。

二、心理衰弱病

关于心理衰弱病，在诊断学中所占有的范围还没有一致的看法。它主要的特征是病态的恐怖与怀疑，以及固定的观念与冲动。这种病和神经衰弱病有许多共同之处，不过它在心理方面的症状比较显著。

（一）病因

这种病的原因大多数可以从心理方面来探索。

（二）症状

这种病的主要表现为以下几种：

1. 病态的恐惧

根据里弗斯（Rivers）和巴格勒（Bagley）的研究，患者在看见或想到某种特殊的情境时，就会产生极端恐惧的状态。这种情境往往是在儿童时期曾经引起过一次剧烈的恐惧的情境。但是患者不能回忆起过去的情形，也不能解释感到恐惧的理由。如果患者一旦觉察到这个症状的原因所在（即某种特殊的过去经验），那么这种变态的恐怖就可以消除。

2. 强迫的行为（compulsive actions）

如果有一种行为，虽然不想它实现但是却不能控制自己，这就是所谓的强迫行为。这种行为如果勉强加以制止，就会产生紧张的感觉。这种强迫的冲动可以有各种表现。例如，患者看见一个物体时就想要接触它或计算它。更为糟糕的情况则是有偷窃的冲动（kleptomania）、放火的冲动（pyromania）和嗜酒的冲动①（dipsomania）。

3. 固定的观念

所谓固定的观念，是指一种去而复来的观念，例如患者常常说自己患某种病，或曾犯某种罪，或应该杀掉某人。这种观念的种类不止一种，但其情绪的性质往往是痛苦的。患者也许能够认识到其观念是荒谬的，但是却无法去除。

除此之外还有两种症状也值得注意，就是忧虑的倾向和反应的迟缓。

（三）预后

患者有时和正常人差不多。根据一般经验来看，患有这种病的人不是所有人都能够治愈。

---

① 特编注：原文为"贪饮之冲动"。

三、癔症（Hysteria）

癔症有各种症状，似乎都能随意产生。从表面上看来，这种病似乎是一种能力丧失的病。

（一）病因

有人说遗传是这种病的一个重要因素。罗曼诺夫[①]（Rosanoff）发现在战争癔症（war hysterias）中，64%有病态的家族史。其实环境的影响也极其重要，这指的是儿童时期所受到的训练。关于这种病的解释有很多，下述几种是其中最权威的：

1. 固定观念说

根据这种理论，患有癔症的人具有一种自我暗示的能力，这种暗示能使观念变为事实。

2. 心理现象变形说

这一理论用符号来解释这种病。主张这种说法的人认为，某种精神现象已经脱离自我意识而进入潜意识。所谓的神游等现象都是潜意识的活动，也就是正常心理现象的变形或符号。

3. 心智降低说

根据这种理论，患者因为遗传与毒质的影响（疲劳或情绪）而有一种心智降低的状况，即心理怠惰的状况。越疲劳，那么心智降低的情况越为显著。这种状况的表现则是拘挛、哭泣、激动、偏头痛（migraine）等现象。此时患者的心智又降低一级，因此这种强烈的倾向可以变为自动的意志与信仰。这就是

[①] 特编注：原文译为"罗散诺弗"。

所谓意志丧失症（abulia）。同时伴随有暗示、固定观念和昏迷状态的产生。在经过一段时间以后，患者又可以恢复他原来的心智等级。

（二）症状

癔症的症状可以分别述之如下：

1. 一念梦游[①]（monoidicsomnambulisms）

梦游症是这种病最显著的特征。根据常奈（Janet）的观点，梦游不仅仅是癔症的症状之一，而且也是这种病的核心现象。如果我们对于这种症状能有正确的了解，那么其他一切现象的性质就可以明了，因为这种种现象都有同一种形式。梦游症中最简单的是一念梦游。

根据常氏研究的结果，初次患癔症的人，在由正常的状态转入第二种状态时，有下面所述的情形：如果是突然的变化，那么患者的意识会因此消失。如果这是逐渐发展的变化，那么患者没有发自意志的动作与专心致志的活动，取而代之的是梦寝状态特别扩大的现象。但是患者采取一种固定的态度。这种梦游的形式，可以称为肌肉强直症（Catalepsy）。

2. 神游症[②]（fugues）与多念梦游（polyideicsomnambulisms）

所谓神游就是指患者忽然逃走数月的现象。这种现象可以称为漫游的自动现象（ambulatory automatism），或者法文中所说的神游症（fugue）。患有神游症的人有复发的可能性。

---

① 特编注：原文为"一念游眠"。
② 特编注：原文为"神遁"。

神游症应该与癔症的梦游现象归为一类，这主要是依据以下两个理由：

(1) 神游症含有癔症的梦游现象的所有主要特征；

(2) 神游症是癔症患者常有的表现，不过神游现象与癔症的梦游症有下述区别：①在神游现象中所发展的观念不像在一念梦游现象中的那么强有力。前一种的观念可以支配行为，但不产生梦游中的现象与昏迷状态。②神游现象中的观念不是绝对独立的。换言之，患者的心理现象不限于一个观念。③神游症患者在恢复正常状态时，会完全遗忘在神游状态下的事情，但是支配神游的观念以及与之有关的感情还没有完全减退。至于常态的恢复，比起梦游者恢复得更加完全。

这种种区别可以有下列解释：神游现象所经过的时间比一念梦游现象更久，后者维持的时间最多不过几个小时，而前者则往往有几个月之久。神游现象因为历时较久，于是与正常生活逐渐相接近，而梦游的特性也因此减少。

如果我们想要了解神游现象的性质，那么必须研究在神游与梦游两种现象中间的状态，即多念梦游现象（polyideic somnambulisms），这种现象与一念梦游现象的区别是它的观念不限于一种。

梦游又可以分为下面几种：

(1) 交替梦游（reciprocal somnambulisms）

这指的是有两种状态的人，如果从一种状态移至另一种状态，则前一种状态中的情形会被完全遗忘。

(2) 超越梦游

这指的是患者在一种状态中比其他的状态更为活泼。在这种状态中,他的智力较高,而且他的记忆范围也较大。

(3) 多重人格

这指的是一个人拥有超过两种以上的人格状态。

3. 拘挛、突眠与人为的睡眠

在完全的梦游状态中,有许多现象能够表现出心智的活动,而在拘挛的状态中,则没有这种现象。虽然患者的动作好像是没有意义的,然而它产生的原因也属于心智,这点与梦游现象是相同的。

患癔症的人如果在身体的某一点上受到轻微刺激就产生拘挛的现象,那么这部分在以前占有特殊的重要地位。人们常称之为"癔症的产生点"(hysterogenic points)。但是这部分并不符合任何机体的损伤。纵使有损伤,也与这部分无关,由这种部分而产生的感觉性质视患者的思想和情绪而定。人的情绪包含身体的各部分,不过某些部分容易产生一种特殊的感觉,这种感觉可能与某种过去的经验有关。这种事实可以解释所谓癔症的产生点。

癔症的拘挛症有两个显著的特征:(1) 这种拘挛在身体方面似乎没有剧烈的扰乱状态,比如癫痫病的现象。(2) 患者对于这种拘挛并不在意。在事情过去以后,经历过的一切就都遗忘了。如果患者在拘挛状态仍然没有丧失意识,而且在事情已经过去后仍然能正确记忆,那么他所患的并非是癔症。关于癔症拘挛情况的遗忘与梦游相同。

突眠(fits of sleep)也是这种病常有的特征。此时患者的心跳与呼吸仍然可以观察到，温度也不会非常低。眼皮微微颤动，眼睛也保留了对光线的反射。如果患者的口鼻被塞住，那么他的身体的位置会因此而改变。这是辨别突眠状态与死亡的一点。

此时有些患者仅有睡眠或死亡其中一个观念。他的外表形态就是他思维的体现。但是有许多患者的思维和睡眠毫无关系。他们在突眠的状态中仍然沉浸于幻想。这时万象全部出现在眼前，或者在其内部自言自语。

这种睡眠也因为过去情绪的经验而产生，当时的刺激情境必然与过去的情境有关。

醒来以后患者不会觉得奇怪，而且记不起来关于睡眠的事情。这与梦游的情况是相同的。

梦游、拘挛和突眠三种现象的不同点如下：在梦游状态中还有表示理性的语言，性质复杂的行为，以及表示情感的动作。在拘挛的状态中，这种语言与行为都不会出现。在突眠状态中，动作或者拘挛的情形也不会发生。所有这些都是不恒久的现象，所以无足轻重。其中最重要的是意识中坚持不变而且过度发展的观念。

人为的梦游。癔症还有一个特征，即是指可以用人为的方法来产生各种现象。但是癫痫病的拘挛则不是这样。如果想要使癔症患者呈现出梦游的状态，那么可以应用他平常在这个状态中所有的状态来引发。

4. 动作的症状

患者有一种特征，似乎和梦游现象不同，这就是四肢各部分动作的病症,但是这种病症具有持久的性质。

动作的症状可以分为动作的扰乱与动作的缺失两种,前者又可以分为:抽筋、舞蹈、肌肉收缩。这种动作上的现象在许多情形中会发生:有时是在瘫痪发生以后逐渐发展,但是它在一种情绪产生以后突然出现的次数较多。所谓动作的缺乏,指的是机能的瘫痪,其情形如下:

癔症的瘫痪,常常由一种事件而引发。这种事件虽然极其微小,却带有强烈的情绪,而且在想象方面也有扰乱的现象。这种瘫痪中最常见的是半身不遂。癔症性瘫痪往往影响四肢而不影响面部。另外一种发生最多的现象为下瘫[①](paraplegy),这指的是两条腿的瘫痪。此外还有一肢瘫痪(monoplegy)与躯干瘫痪(paralysis of the trunk)。

癔症的瘫痪在身体方面有下述几种特征:(1)根据弗洛伊德的观点,癔症的瘫痪所影响的部分不是一条肌肉,而是一组肌肉,而且这组肌肉一定是某种动作必需的部分。此外的部分完全不会受影响。至于机体瘫痪症的情形则不是这样。(2)癔症造成的瘫痪位置往往在四肢的两端,而机体的瘫痪则常常影响接近中部的地方。(3)癔症的瘫痪往往会过度,而机体的瘫痪则没有这种现象。根据巴宾斯基[②](Babinski)的观点,就癔症的瘫痪而言,一切反射必定是正常的。

这种瘫痪在心理方面有下述几点值得注意:(1)患者对于自己瘫痪现象完全不注意。(2)这种瘫痪有移动性。在自然的

---

① 特编注:即下肢瘫痪。

② 特编注:原文译为"白宾士刻"。

睡眠时，或者在受到药物影响时，瘫痪的现象会完全消失。而且在人为的梦游状态中也存在这种结果。强烈的情绪与幻想可以加深瘫痪的程度。

5. 感觉的症状

患瘫痪症的人，肯定同时患有肌肉衰弱症（amyosthenia）。触觉方面也有所谓的触觉迁移症（allochiria）[①]。有这种病症的人，当他右侧受到刺激时，会报告说刺激在左侧；而在左侧受到刺激时，又报告它移至右侧。皮肤失感症也是癔症的一种症状。失去感觉的部分存在几何的形式，而不是以神经或血脉的分配为根据。嗅觉和味觉的病症，几乎都是与呼吸和消化两种功能上的异常现象有关。患者也可能耳朵失聪，不过这种耳聋的原因在中枢神经，而不在外周神经。

视觉的病症有很多种类：

（1）单盲症（unilateral amaurosis）

患者能够分离两种视觉：一种是单眼视觉（monocular vision），一种是双眼视觉（binocular vision）。患者所失去的大多是双眼视觉，有时也会失去单眼视觉而保留双眼视觉。

（2）视域缩小症

患者的视域有时缩至非常小。所保留着的仅仅是一个凝视点（fixation point）而已。

（3）半盲症（hemianopsia）：半盲指的是视域中的一半失明。

[①] 特编注：当今为"异侧感觉"。

（4）色觉丧失症（dyschromatopsia）

色觉丧失症指的是颜色知觉的消失。紫色、蓝色和绿色这三种颜色似乎消失最早，而红色则持续时间最久。

（5）眼球运动的病症：（a）眼球瘫痪病（ophthalmoplegy）：患者在视察几种物品时必须转动头部；（b）斜视（strabismus）；（c）顺应不良。

6. 语言的症状

语言的病症也有很多种。例如失音症（aphonia）的患者只能发出极微弱的声音，也有能唱歌而不能高声谈话的，这是一种动作失调症。也有口吃与声音异常的现象。字盲（word-blindness 即不能看懂文字）与语聋（word-deafness 即不能听懂语言）也是癔症可能会有的症状。

7. 消化系统的症状

厌食[①]（anorexy）是其中症状的一种。这是癔症刚开始时常有的现象。大体上来说，厌食症是一种遗忘与瘫痪的现象。贪食症（bulimia）和贪饮症（polydipsia）也是消化系统中的症状。患贪饮症的人也可以饮水。

8. 呼吸系统的症状

呼吸停止症（asphyxia）是癔症在呼吸系统方面的一种症状。但是这种病症没有生命的危险，因为呼吸停止则患者昏迷，

[①] 特编注：原文为"绝食"。

而呼吸功能又开始。钱思节奏（the rhythm of the Cheyne-Stokes）①② 是一种呼吸失调的症状。此外还有呼吸增强症（polypnoea）、吸动症（inpiration tics）以及呼动症（expiration tics）。

根据常奈的研究，就心理方面而言，患癔症的人有三种特征：一是有感受暗示的能力，二是心不在焉的态度，三是心理现象的迁移。针对这三种现象，常奈都用患者意识域的缩小来予以解释。

（二）预后

这种病的结果视患者的性情而定，而且需要长时期的治疗后才可以全愈。

参考文献

Adler，A. Study of Organ Inferiority and Its Psychical Compensation. *Nervous and Mental Dis. Pub.*

Babinski，J. (1908). My Conception of Hysteria and Hypnotism. *Alienist and Neurologist*，29，1—29.

Breuer，E. & Freud. (1895). StudienüberHysteria.

Burnham，W. H. The Normal Mind，Chap. 11. *Appleton.*

Conklin，E. S. Principles of Abnormal Psychology，Chaps. 7 and 9. *Holt.*

---

① 钱思节奏指的是下述现象：最开始呼吸速度逐渐增大，然后逐渐减小至完全停止，完全停止时间长达有 5 秒至 50 秒。

② 特编注：当今为"周期性呼吸节奏"。

Corlat, I. H. Abnormal Psychology, Part 11, Chap. 5, *Moffatt, Yard*.

Diller, T. (1920). The Question of Hysterical Analgesia and Theory of Babinski. *J. Abnorm. Psychol*, 15, 55—56.

Freud, S. SammlungenkleinerSchriftenzurNeurosenlehre, 1906—1909. 1909. (Translated by A. A. Brill.)

Freud, S. Selected Papers on Hysteria. *Nerv. & Mental Disease Monog*.

Fox, D. (1912). The Psychopathology of Hysteria. *Badger*.

Haines, T. H. (1916—1917). The Genesis of a Paranoic State. *J. Abnorm. Psychol.* 11, 368—395.

Hitschman, E. Freud's Theories of the Neuroses. *Nervous and Mental Dis. Pub*.

Janet, P. (1922). A Case of Psychasthenic Delirium. *Amer. J. Psychiatry*, 1, No, 3, p. 319.

Janet, P. Major Symptoms of Hysteria. *Macmillan*.

Janet, P. The Mental State ofHysterias. *Putnam*.

Jeliffe, S. E. (1920). Technique of Psychoanalysis, Second Edition, Nervous andMental Disease Monograph Series No. 25, 28. *Nervous andMental Disease Publishing Co*.

Kempf, E. J. Autonomic Functions and the Personality. *Nervous andMental Dis. Pub*.

MacCurdy, J. T. War Neuroses. *Macmillan*.

McDougall, Wm. Outline of Abnormal Psychology. Chap. 2, 11, 13, 17. *Scribner*.

Morgan, J. J, B. The Psychology of Abnormal People. Chap. 13, *Longmans*.

Prince, M. The Dissociation of a Personality. *Longmans*.

Prince, M. The Unconscious, Chap. 6. *Macmillan*.

Ross, T. A. (1923). The Common Neuroses. *Longmans*.

Sears, R. R. & Cohen, L. H. (1933). HystericalAnaesthesia, Analgesia and Astereognosis. *Arch. Neur. & Psychiat*, 29, 260—271,

Sidis, B., & Goodhart, S. P. Multiple Personality. *Appleton*.

Streker, E. A. (1921). Physical Findings in the Psychoneuroses. *Arch, Neurol, and Psychiatry*, 6, 197—200

White, W. A. Mechanisms of Character Formation. *Macmillan*.

Wilson, S. A. (1911). Some Modern French Conceptions of Hysteria. *Brain*, 33, 293—387.